코시가 들려주는 부등식 이야기

코시가 들려주는 부등식 이야기

초 판 1쇄 발행일 | 2005년 6월 30일
개정판 1쇄 발행일 | 2010년 9월 1일
개정판 13쇄 발행일 | 2021년 5월 28일

지은이 | 정완상
펴낸이 | 정은영
펴낸곳 | (주)자음과모음

출판등록 | 2001년 11월 28일 제2001-000259호
주 소 | 04047 서울시 마포구 양화로6길 49
전 화 | 편집부 (02)324-2347, 경영지원부 (02)325-6047
팩 스 | 편집부 (02)324-2348, 경영지원부 (02)2648-1311
e-mail | jamoteen@jamobook.com

ISBN 978-89-544-2031-0 (44400)

• 잘못된 책은 교환해드립니다.

코시가 들려주는

부등식 이야기

| 정완상 지음 |

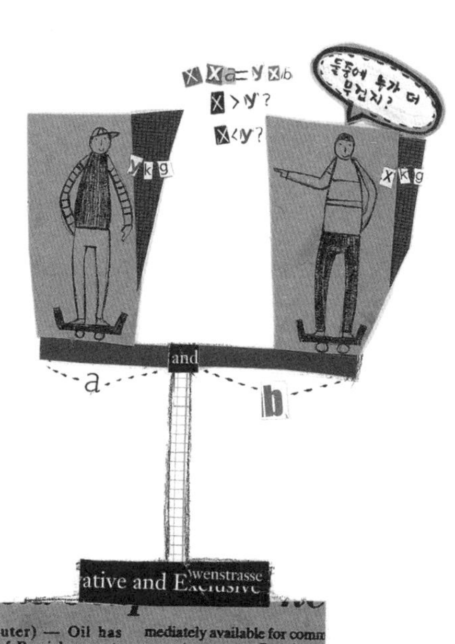

(주)자음과모음

코시를 꿈꾸는 청소년을 위한 '부등식' 이야기

코시는 부등식과 복소수의 연구로 유명한 수학자입니다. 부등식은 방정식과 더불어 수학의 중요한 단원입니다.

저는 이 책에서 저울을 이용하여 부등식의 성질을 설명하고 삼각형이나 사각형과 관련된 재미있는 부등식과 그 응용 문제를 제시하였습니다. 또한 여러 가지 평균과 그 의미를 자세히 강의하였으며, 이들 평균 사이의 대소 관계를 이용하는 재미있는 문제들을 다루었습니다.

특히 마지막 수업에서 다룬, 부등식의 산업에의 응용은 2개의 부등식을 만족시키면서 회사가 가장 많은 돈을 벌 수 있는 방법을 소개하고 있습니다.

차례

부록

첫 번째 수업

1

부등식이란 **무엇**인가요?

부등식이란 무엇일까요?
부등식의 성질에 대해 알아봅시다.

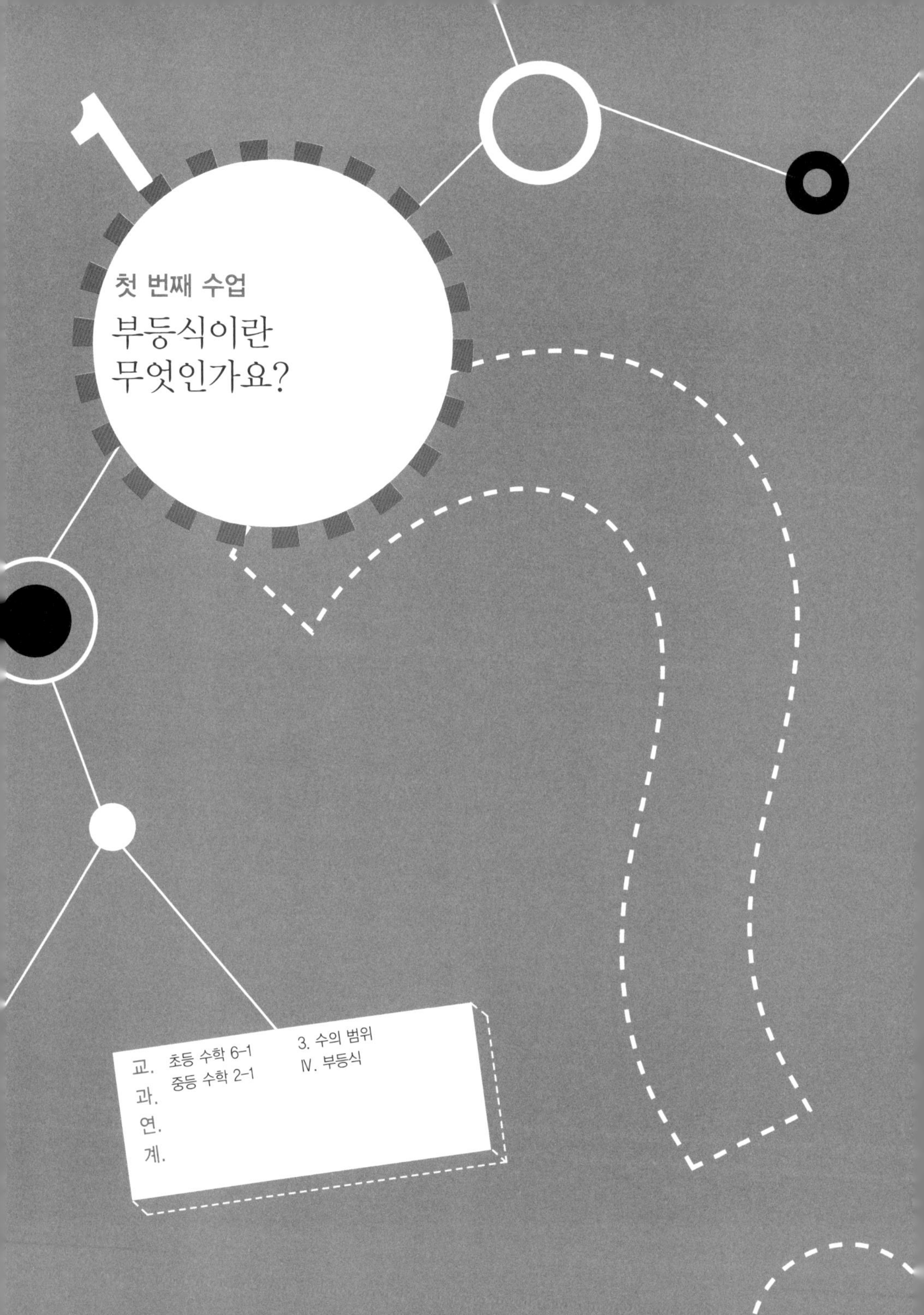

1

첫 번째 수업

부등식이란 무엇인가요?

교과연계

초등 수학 6-1 3. 수의 범위

중등 수학 2-1 Ⅳ. 부등식

코시는 수의 크고 작음을 비교하며 첫 번째 수업을 시작했다.

3과 2 중 어느 것이 더 크죠?

_3입니다.

이것을 $3>2$라고 씁니다. 이렇게 부등호를 써서 나타낸 식을 부등식이라고 부릅니다.

일반적으로 부등식에는 다음과 같은 4종류가 있습니다.

$a>b$

$a<b$

$a\geq b$

$a \leq b$

이것들의 차이를 하나씩 알아보죠.

$a > b$는 'a는 b보다 크다' 또는 'a는 b 초과'라고 읽습니다. 마찬가지로 $a < b$는 'a는 b보다 작다' 또는 'a는 b 미만'이라고 읽습니다.

그럼 $a \geq b$는 어떻게 읽을까요? 이것은 'a는 b보다 크거나 같다' 또는 'a는 b 이상'이라고 읽습니다. 여기서 부등호 $\geq$는 $>$ 또는 $=$라는 뜻입니다. 그러므로 $2 \geq 2$는 옳은 표현입니다.

마찬가지로 $a \leq b$는 'a는 b보다 작거나 같다' 또는 'a는 b 이하'라고 읽습니다.

부등식의 성질

이제 부등식의 성질에 대해 알아보겠습니다.

다음 부등식을 보죠.

$4 > 2$

이때 부등호의 왼쪽에 있는 식을 좌변, 오른쪽에 있는 식을 우변이라고 부릅니다. 좌변과 우변을 합쳐 부등식의 양변이라고 부르지요.

코시는 저울에 4g의 추와 2g의 추를 올려놓았다. 저울은 4g의 추를 올려놓은 쪽으로 기울어졌다.

4g의 추가 2g의 추보다 무겁지요?

이것은 4가 2보다 크기 때문입니다. 이것이 바로 4는 2 초과, $4>2$의 의미이지요. 그러므로 부등호의 방향은 저울을 이용하여 조사할 수 있지요. 이때 큰 수 쪽으로 저울이 기울어집니다.

코시는 저울의 양쪽에 똑같이 1g의 추를 하나씩 더 올려놓았다. 여전히 4g의 추가 있는 쪽으로 기울어졌다.

왼쪽은 4g의 추와 1g의 추가 있으므로 5g이 되었고, 오른쪽은 2g의 추와 1g의 추가 있으므로 3g이 되었지요? 이때 5는 3보다 크므로, 즉 $5>3$이므로 저울이 왼쪽으로 기울어진 것입니다.

이것으로부터 부등식 $4>2$의 양변에 똑같이 1을 더해도 부등호의 방향이 달라지지 않음을 알 수 있습니다. 즉, 다음과 같지요.

$$4+1>2+1$$

이것을 정리하면 다음과 같습니다.

$a>b$이면 $a+c>b+c$이다.

마찬가지로 부등식 $4>2$에서 똑같이 1을 빼 주면 좌변은 3, 우변은 1이 되어 $3>1$이 성립합니다. 즉, 다음과 같지요.

$4-1>2-1$

이렇게 부등식의 양변에서 같은 수를 빼도 부등호의 방향은 달라지지 않습니다.

이것을 정리하면 다음과 같지요.

$a>b$이면 $a-c>b-c$이다.

이렇게 부등식의 양변에 같은 수를 더하거나 빼도 부등호의 방향은 달라지지 않습니다.

이번에는 곱셈과 나눗셈의 경우에 대해 알아보죠.

부등식 $4>2$의 양변에 3을 곱하면 좌변은 $4\times3=12$가 되고, 우변은 $2\times3=6$이 됩니다. 12는 6보다 크므로, 다음과 같

습니다.

$4\times3>2\times3$

그렇다면 어떤 수를 곱해도 항상 부등호의 방향은 달라지지 않을까요?

그렇지 않습니다. 주어진 부등식의 양변에 -1을 곱해 봅시다. 좌변은 $4\times(-1)=-4$, 우변은 $2\times(-1)=-2$가 되지요.

이때 -4와 -2를 수직선에 나타내면 다음과 같습니다.

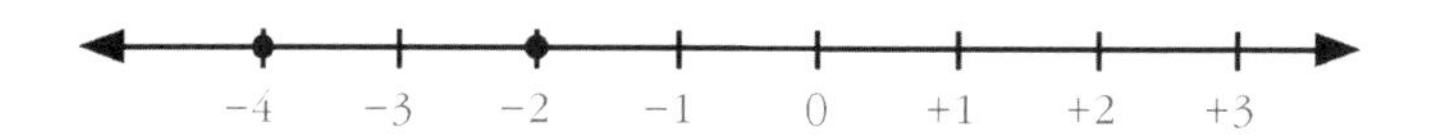

그러므로 $-4<-2$입니다. 어랏! 부등호의 방향이 바뀌었군요.

이것이 바로 부등식의 중요한 성질입니다. 즉, 부등식의 양변에 음수를 곱하면 부등호의 방향이 바뀝니다.

$4\times(-1)<2\times(-1)$

이것을 정리하면 다음과 같습니다.

$a>b$일 때 $c>0$이면 $a\times c>b\times c$이고, $c<0$이면 $a\times c<b\times c$가 된다.

주어진 부등식의 양변을 2로 나누어 봅시다. 이때 좌변은 $\frac{4}{2}=2$가 되고, 우변은 $\frac{2}{2}=1$이 되고 $2>1$입니다. 즉, 양수로 나누면 부등호의 방향이 바뀌지 않습니다. 하지만 -2로 나누면 좌변은 $\frac{4}{-2}=-2$가 되고, 우변은 $\frac{2}{-2}=-1$이 되어 $-2<-1$이 되지요. 그러므로 음수로 나누면 부등호의 방향이 바뀝니다.

이것을 정리하면 다음과 같습니다.

$a>b$일 때 $c>0$이면 $\frac{a}{c}>\frac{b}{c}$이고, $c<0$이면 $\frac{a}{c}<\frac{b}{c}$가 된다.

이렇게 부등식의 양변에 양수를 곱하거나 나누면 부등호의 방향이 바뀌지 않지만, 음수를 곱하거나 나누면 부등호의 방향이 바뀝니다.

만화로 본문 읽기

코시 선생님, 뭘 그렇게 열심히 연구하고 계시나요?
지금 부등식을 연구 중이니까 조금 있다 얘기하도록 해요.
부등식? 부등식이 뭐지? 부드러운 등심을 먹는다는 뜻인가?
쯧쯧, 부등식을 모르다니…. 3과 2 중 3이 더 크지? 이것을 3>2라고 쓰고 이렇게 부등호를 써서 나타낸 식을 부등식이라고 부르는 거야.

하~, 어쩔 수 없군요. 제가 부등식에 대해 좀 설명해 보죠. 일반적으로 부등식은 다음과 같은 4종류가 있어요.
다 비슷해 보이는데요.
a>b
a<b
a≥b
a≤b

하하, 그런가요? 하지만 확실한 차이가 있답니다. 먼저 a>b는 'a는 b보다 크다' 또는 'a는 b 초과'라고 읽고, 마찬가지로 a<b는 'a는 b보다 작다' 또는 'a는 b 미만'이라고 읽죠. 그럼, a≥b는 어떻게 읽을까요?
a ≥ b

그건 'a는 b보다 크거나 같다' 또는 'a는 b 이상'이라고 읽으면 될 것 같아요.
맞습니다. 여기서 부등호 ≥는 > 또는 =라는 뜻입니다. 그러므로 2≥2는 옳은 표현이죠. 마찬가지로 a≤b는 'a는 b보다 작거나 같다.' 또는 'a는 b 이하'라고 읽으면 되는 것이죠.
a≤b

아니, 이렇게 쉬운 것을 연구하고 계셨던 거예요?
이런, 부등식을 우습게 보면 안 되죠. 부등식엔 재미있고 심오한 성질이 있어요. 함께 알아볼까요?
네~!

두 번째 수업 2

부등식은 어떻게 풀까요?

부등식을 푸는 방법에 대해 알아봅시다.

2

두 번째 수업

부등식은 어떻게 풀까요?

교과 연계

중등 수학 2-1	Ⅳ. 부등식
고등 수학 1-1	Ⅲ. 방정식과 부등식

코시는 칠판에 간단한 부등식을 하나 적으며 두 번째 수업을 시작했다.

부등식에는 여러 종류가 있으므로 가장 간단한 경우부터 다루어 보죠.

다음 부등식을 만족하는 정수를 찾아봅시다.

$x-2>0$

이 부등식을 만족하는 모든 정수 x를 찾아야 합니다.

x에 3을 넣어 봅시다. $3-2=1$이므로, $3-2>0$이 되어 부등식을 만족합니다.

x에 4를 넣어 봅시다. $4-2=2$이므로, $4-2>0$이 되어 부등식을 만족합니다.

x에 5 이상의 정수를 넣어도 부등식을 만족합니다. 그러므로 3, 4, 5, …는 부등식을 만족합니다.

x에 3보다 작은 수를 넣으면 어떻게 될까요?

x에 2를 넣어 봅시다. $2-2=0$이죠? 0이 0보다 클 수 없으므로 x에 2를 넣으면 부등식을 만족하지 않습니다.

마찬가지로 x에 1 이하의 정수를 넣으면 부등식을 만족하지 않습니다. 그러므로 부등식 $x-2>0$을 만족하는 정수는 다음과 같습니다.

$$x=3, 4, 5, \cdots$$

하지만 일일이 x의 값에 수를 대입하는 것은 너무 불편합니다. 그러므로 부등식을 푸는 일반적인 방법을 알아봅시다.

부등식을 풀 때는 부등식의 4가지 성질을 이용하면 편리합니다. 먼저 부등식의 양변에 2를 더해도 부등호의 방향이 바뀌지 않으므로,

$$x-2+2>0+2$$

$x > 2$

가 됩니다. 이것이 바로 부등식 $x-2>0$을 푼 결과입니다. 이것을 부등식의 해라고 부릅니다. 즉, 2보다 큰 수들은 모두 부등식 $x-2>0$을 만족하지요. 이러한 x의 값을 다음과 같이 수직선에 나타냅니다.

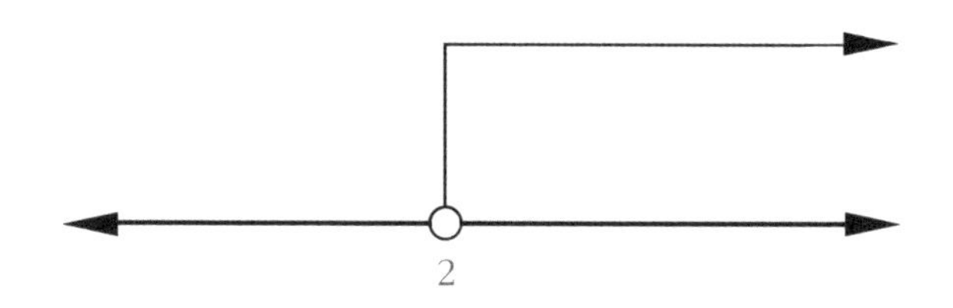

여기에서 빈 동그라미는 그 점이 포함되지 않음을 나타냅니다.

예를 들어 다음 부등식을 보죠.

$x-2 \geq 0$

양변에 2를 더하면

$x-2+2 \geq 0+2$

$x \geq 2$

가 됩니다. 그러므로 이 부등식을 만족하는 x의 값을 모두 수직선에 나타내면 다음과 같습니다.

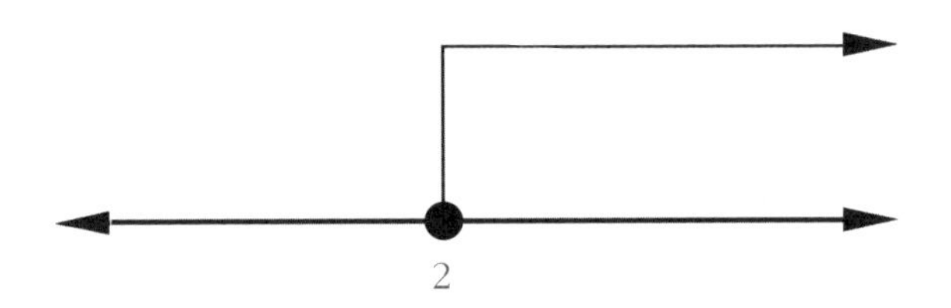

여기서 검은 동그라미는 그 점이 포함되는 것을 나타냅니다.

조금 더 복잡한 부등식을 봅시다. 다음을 보죠.

$2x-1<5$

여기서 $2x$는 $2 \times x$를 말합니다. 이렇게 숫자와 문자가 곱해져 있을 때는 곱하기 기호를 생략할 수 있지요. 이 부등식의 양변에 1을 더하면,

$2x<5+1$

이 됩니다. 이것은 좌변에 있던 -1이 우변으로 넘어가서 $+1$이 된 것입니다. 이런 것을 이항이라고 부릅니다. 이때 우변을 계산하면

$$2x<6$$

이 됩니다. 이 식의 양변을 2로 나누어 주면

$$x<3$$

이 되지요. 이것이 바로 부등식의 해입니다. 즉, x에 3보다 작은 수를 넣으면 주어진 부등식을 항상 만족하지요. 이것을 수직선에 나타내면 다음과 같습니다. 3을 포함하지 않는 작은 수이므로 빈 동그라미로 표시해야겠지요.

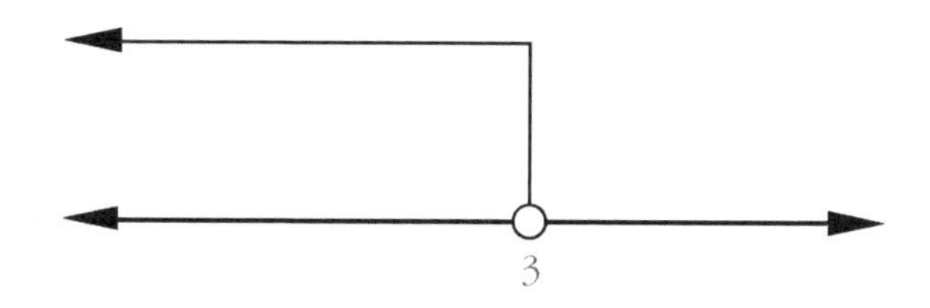

또 다른 부등식을 봅시다.

$-x+2<3$

좌변의 +2를 우변으로 이항시키면

$-x<3-2$

$-x<1$

이 되지요.

어랏! x 앞에 음의 부호가 붙어 있군요? 이런 부등식은 어떻게 풀까요?

x에 몇 개의 정수를 넣어 봅시다.

x에 1을 넣으면 $-x=-1$이 되지요? $-1<1$이므로 이것은 부등식을 만족합니다.

x에 2를 넣으면 $-x=-2$가 되지요? $-2<1$이므로 이것은 부등식을 만족합니다.

마찬가지로 x에 3, 4, 5, …를 넣으면 부등식을 만족합니다.

이번에는 x에 0을 넣어 봅시다. 이때 $-x=0$이고 $0<1$이므로 0도 부등식을 만족합니다.

x에 −1을 넣어 봅시다. $-x$는 x와 부호가 반대이므로 $-x=1$이 됩니다. 그런데 1이 1보다 작지 않으므로 이 값은 부등식을

만족하지 않습니다.

마찬가지로 x에 -2, -3, -4, …를 넣어도 부등식을 만족하지 않습니다. 그러므로 부등식을 만족하는 정수 x의 값은

0, 1, 2, 3, …

이 됩니다.

이 값들이 어떻게 나왔는지 알아봅시다. 부등식 $-x<1$에서 양변에 -1을 곱해 봅시다. $-x$와 -1의 곱은 x가 되고, 부등식의 양변에 음수를 곱하면 부등호의 방향이 바뀌므로

$$x>-1$$

이 됩니다. 이것이 바로 부등식의 해입니다. 이 조건을 만족하는 정수만 찾아보면 다음과 같습니다.

0, 1, 2, 3, …

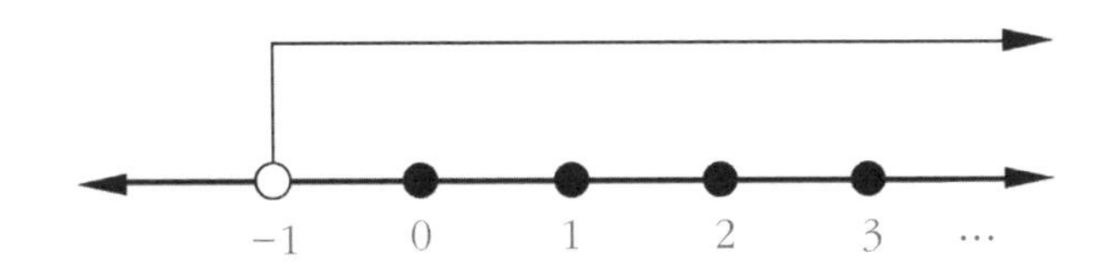

부등식의 덧셈

이번에는 부등식의 덧셈에 대해 알아봅시다. 두 수 x, y가 다음과 같은 부등식을 만족한다고 합시다.

$1 \leq x \leq 3$

$4 \leq y \leq 6$

이때 $x+y$의 범위는 어떻게 될까요? $1 \leq x \leq 3$을 만족하는 x로는 2와 같은 자연수도 있지만 1.3과 같이 자연수가 아닌 수도 있습니다. 하지만 1이 이 부등식을 만족하는 x의 최솟값이고 3이 최댓값이라는 것은 분명합니다.

우선 간단히 하기 위해 x, y가 자연수인 경우를 봅시다. 그렇다면 x는 1, 2, 3이 가능하고 y의 경우는 4, 5, 6이 가능합니다.

코시는 1, 2, 3이 적힌 카드를 윗줄에 놓고 4, 5, 6이 적힌 카드를 아랫줄에 놓았다. 그리고 미진이에게 윗줄에서 1장을 뽑고 아랫줄에서 1장을 뽑아 그 합이 최소가 되도록 하게 했다. 미진이는 1과 4를 택해 그 합이 5라고 이야기했다.

그러므로 $x+y$의 최솟값은 다음과 같지요.

($x+y$의 최솟값) = (x의 최솟값) + (y의 최솟값)

코시는 영란이에게 윗줄에서 1장을 뽑고 아랫줄에서 1장을 뽑아 그 합이 최대가 되도록 하게 했다. 영란이는 3과 6을 택해 그 합이 9라고 이야기했다.

그러니까 $x+y$의 최댓값은 다음과 같죠.

($x+y$의 최댓값) = (x의 최댓값) + (y의 최댓값)

그러므로 $x+y$의 범위는

$$1+4 \leq x+y \leq 3+6$$

이 됩니다. 이 식을 정리하면

$$5 \leq x+y \leq 9$$

가 되지요.

수학자의 비밀노트

부등식의 뺄셈

$a \le x \le b$, $c \le y \le d$일 때, 부등식의 뺄셈 $x-y$의 범위는 다음과 같아야 한다.

$$\begin{array}{r} a \le x \le b \\ - \;\; c \le y \le d \\ \hline \end{array}$$

($x-y$의 최솟값)$\le x-y \le$($x-y$의 최댓값)

따라서 $x-y$의 최솟값은 x 범위의 가장 작은 값에서 y 범위의 가장 큰 값을 뺀 것이 되고, $x-y$의 최댓값은 x 범위의 가장 큰 값에서 y 범위의 가장 작은 값을 뺀 것이 된다. 즉, 다음과 같다.

$$\begin{array}{r} a \le x \le b \\ - \;\; c \le y \le d \\ \hline a-d \le x-y \le b-c \end{array}$$

만화로 본문 읽기

자, 부등식의 성질은 배웠으니까 이 문제들을 풀어 볼까요?
(1) x−2>0
(2) 2x−1<5
엥? 갑자기 문제를 내시면 어떻게 해요?
음….

이 문제들을 풀면서 부등식의 성질을 자연스럽게 익힐 수 있답니다. 우선 부등식의 양변에 같은 수를 더해도 부등호 방향이 바뀌지 않아요. (1)번을 먼저 볼까요?
x−2>0

양변에 2를 더해도 부등호의 방향이 바뀌지 않으므로 x>2가 되지요. 이것이 바로 부등식 x−2>0의 해랍니다.
아~, 그러니까 2보다 큰 수들은 모두 부등식 x−2>0을 만족한다는 뜻이군요.

x > 2
2
x ≥ 2
2
그래요. 부등식의 해 x>2를 수직선에 나타내면 이렇게 되지요. x는 2를 포함하지 않으므로 빈 동그라미로 나타냅니다.

조금 더 복잡한 다음 문제를 볼까요?
2x−1<5
우선 양변에 1을 더하면, 2x<6이 돼요. 이제 양변을 2로 나눠 주면, 2는 0보다 크니까 부등호 방향이 바뀌지 않고 x<3이 되네요.

아하~, x에 3보다 작은 수를 넣으면 주어진 부등식을 항상 만족한단 말이군요.
네, 그렇습니다. 하하하!

세 번째 수업

3

부등식의 활용

생활 속에는 부등식을 이용하는 문제가 많습니다.
부등식의 활용에 대해 알아봅시다.

3

세 번째 수업

부등식의 활용

교과연계

교.	중등 수학 2-1	Ⅳ. 부등식
과.	고등 수학 1-1	Ⅲ. 방정식과 부등식
연.		
계.		

생활 속 부등식 문제를 해결해 보자며 코시는 세 번째 수업을 시작했다.

코시는 1부터 10까지 쓰여 있는 카드를 꺼냈다.

이 가운데 연속인 세 수로, 그 합이 10보다 크면서 세 수가 가장 작은 경우를 찾아봅시다.

코시는 1, 2, 3을 꺼냈다.

1+2+3=6은 10보다 크지 않지요. 그러므로 이 선택은 옳지 않습니다.

코시는 2, 3, 4를 꺼냈다.

$2+3+4=9$ 또한 10보다 크지 않지요. 따라서 이 선택도 옳지 않습니다.

코시는 3, 4, 5를 꺼냈다.

$3+4+5=12$는 10보다 크지요. 이 선택은 옳습니다. 그리고 이 경우가 조건을 만족하는 가장 작은 세 수입니다.

이 문제를 부등식을 이용하여 풀 수 있습니다.

세 수가 연속인 자연수이므로 세 수 중 가장 작은 수를 x라고 두면, 가운데 수는 $x+1$이고 가장 큰 수는 $x+2$가 됩니다.

세 수의 합이 10보다 크므로

$$x+(x+1)+(x+2)>10$$

입니다. 여기서 $x+x+x=3\times x$이고, 곱하기 기호를 생략하면 $x+x+x=3x$가 됩니다.

따라서 주어진 부등식은

$$3x+3>10$$

이 되지요. 이 식에서 3을 이항하면

$$3x>10-3$$
$$3x>7$$

이 됩니다.

이제 이 부등식의 양변을 3으로 나누면

$$x > \frac{7}{3}$$

이 되지요. 여기서 x는 자연수입니다. $\frac{7}{3}$보다 큰 자연수 중에서 가장 작은 자연수는 3이므로 구하는 x의 값은 3이 되지요. 그러므로 세 수는 3, 3+1, 3+2가 되어 3, 4, 5가 답이 됩니다.

반올림

우리는 반올림을 자주 사용합니다. 예를 들어 3.8을 소수 첫째 자리에서 반올림하면 4가 되고, 3.4를 소수 첫째 자리에서 반올림하면 3이 되지요.

그렇다면 소수 첫째 자리에서 반올림하여 5가 되는 수들은 어떤 수들일까요? 이럴 때 우리는 부등식을 사용합니다.

우리가 구하는 수를 x라고 하면 x를 반올림하였을 때 5가 되는 모든 x를 찾으면 됩니다.

이때 x는 5보다 크면서 반올림 때문에 소수 부분이 사라지는 수도 있고, 5보다 작지만 반올림하여 5가 되는 수도 있습니다.

먼저 5보다 작지만 반올림하여 5가 되는 수를 봅시다.

4.5를 반올림하면 5가 됩니다. 하지만 4.4는 반올림하면 4가 되지요. 그러므로 4.4는 x가 될 수 없고, 4.5는 x가 될 수 있습니다.

그러므로 4.5, 4.6, 4.7, 4.8, 4.9와 같은 수들은 반올림하여 5가 되는 수들입니다. 물론 5는 반올림하여 5가 되지요.

이제 5보다 크면서 반올림하여 5가 되는 수들을 봅시다. 5.1, 5.2, 5.3, 5.4는 반올림하여 5가 됩니다. 그러므로 이 수들은 x의 값이 될 수 있습니다.

하지만 5.5는 반올림하면 6이 되므로 x의 값이 될 수 없지요. 따라서 반올림하여 5가 되는 수는 4.5 이상이고 5.5 미만이어야 합니다. 그러므로 다음과 같지요.

$4.5 \le x < 5.5$

추월 문제

코시는 미나에게 700원을, 준수에게 300원을 주었다.

현재 가진 돈은 미나가 더 많습니다. 하지만 오늘부터 매일 미나는 100원을 받고 준수는 200원을 받는다면, 며칠 뒤 준수가 가진 돈이 더 많아질까요?

우선 첫째 날을 보죠.

미나가 가진 돈 : $700+100=800$

준수가 가진 돈 : $300+200=500$

아직 미나가 가진 돈이 더 많군요. 둘째 날에는 다음과 같죠.

미나가 가진 돈 : $700+100+100=900$

준수가 가진 돈 : $300+200+200=700$

아직 미나가 가진 돈이 더 많군요. 셋째 날에는 다음과 같죠.

미나가 가진 돈 : $700+100+100+100=1000$

준수가 가진 돈 : $300+200+200+200=900$

아직 미나가 가진 돈이 더 많군요. 넷째 날에는 다음과 같죠.

미나가 가진 돈 : $700+100+100+100+100=1100$

준수가 가진 돈 : $300+200+200+200+200=1100$

두 사람의 돈이 같아졌군요. 하지만 준수가 가진 돈이 더 많아진 것은 아니죠. 다섯째 날에는 다음과 같죠.

미나가 가진 돈 : $700+100+100+100+100+100=1200$

준수가 가진 돈 : $300+200+200+200+200+200=1300$

이제 준수가 가진 돈이 더 많아졌지요. 그러므로 5일 뒤가 구하는 답입니다.

이것을 부등식으로 풀 수 있습니다.

만일 x일 후 준수의 돈이 더 많아진다고 하면 두 사람이 가진 돈은 다음과 같지요.

미나가 가진 돈 : $700+100x$

준수가 가진 돈 : $300+200x$

이제 준수가 가진 돈이 미나가 가진 돈보다 더 많아지는 x의 범위를 구하면 되지요.

$$300+200x>700+100x$$

300을 우변으로 이항하면, $200x>700+100x-300$이 됩니다. 이 식에서 우변을 정리하면,

$$200x>100x+400$$

이 되지요. 이 부등식은 어떻게 풀까요?

__이항하면 된다고 하셨는데…….

그래요. 우변의 $100x$를 좌변으로 이항하면, $200x-100x>400$이됩니다.

여기서 $200x$는 200과 x의 곱이므로 x를 200번 더한 값입니다. 마찬가지로 $100x$는 100과 x의 곱이므로 x를 100번 더한 값입니다.

그러므로 $200x-100x$는 x를 200번 더한 식에서 x를 100번 더한 식을 뺀 것이므로 x를 100번 더한 식이 됩니다. 그러므로 $200x-100x=100x$로 표현할 수 있지요. 따라서 주어진 부등식은

$$100x>400$$

이 되지요. 이제 양변을 100으로 나누면

$$x>4$$

가 됩니다. 여기서 x는 자연수이므로 이 부등식을 만족하는 가장 작은 자연수 x의 값은 5입니다. 그러므로 5일 뒤에 처음으로 준수가 가진 돈이 많아집니다.

만화로 본문 읽기

여기 길이가 7cm, 3cm인 화초가 있습니다. 매일 각각 1cm씩, 2cm씩 자라죠. 그럼 며칠 후에 작은 화초가 큰 화초보다 길어질까요?
매일 몇 cm인지 재 보면 되지 않을까요?

하하, 그렇죠. 하지만 부등식을 활용하면 쉽게 구할 수 있답니다.
정말요?

x일 후 큰 화초의 길이는 7+x, 작은 화초의 길이는 3+2x가 되겠죠? 그러니까 작은 화초의 길이가 큰 화초의 길이보다 길어지는 것은….
아, 이런 부등식이 되겠네요.
3+2x>7+x

그렇죠. 그 식에서 3을 우변으로 이항하면, 2x>7+x−3이 되고 우변을 정리하면, 2x>x+4가 되지요. 이 부등식은 어떻게 풀까요?
우변의 x를 좌변으로 이항하면 되지 않을까요? 그러면 2x−x>4가 되는데, 2x−x=x예요.
2x−x=x

따라서 주어진 부등식은 x>4가 되네요.
여기서 x는 자연수이므로 이 부등식을 만족하는 가장 작은 자연수는 5가 되요. 따라서 5일 후에 처음으로 작은 화초가 큰 화초보다 커지겠네요.

오~, 모두 잘 이해하고 있군요.
와, 진짜 부등식을 활용하니까 금방 답이 나오네요.
신기하고 재미있어요.

네 번째 수업

4

연립부등식

2개의 부등식을 동시에 만족하는 범위를 찾아봅시다.
연립부등식을 푸는 방법에 대해 알아봅시다.

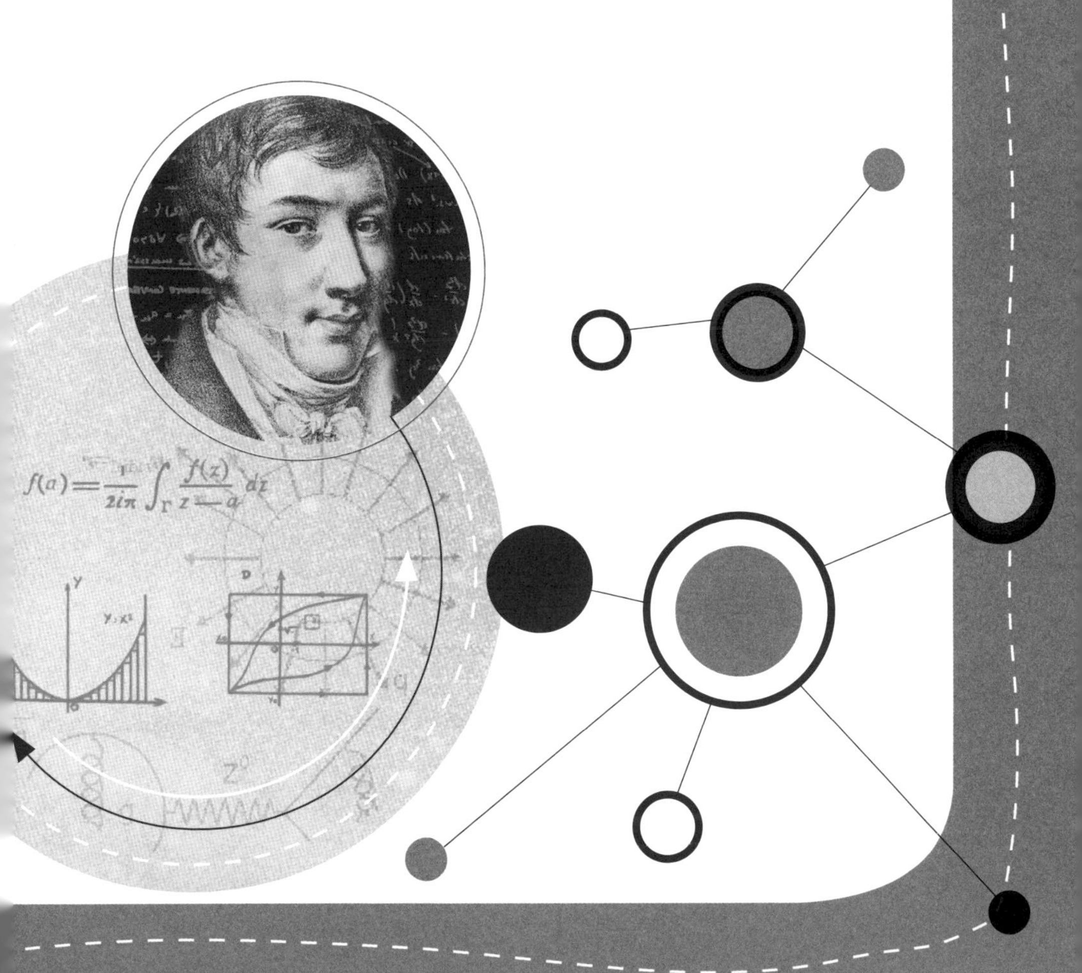

4

네 번째 수업

연립부등식

교과 연계		
	중등 수학 2-1	Ⅳ. 부등식
	고등 수학 1-1	Ⅲ. 방정식과 부등식
	고등 수학 Ⅱ	Ⅰ. 방정식과 부등식

코시는 2개의 부등식을 동시에 만족하는 값을 찾자며 네 번째 수업을 시작했다.

오늘은 2개의 부등식을 동시에 만족하는 문제를 다루어 보겠습니다. 이런 부등식을 연립부등식이라고 부릅니다.

예를 들어 다음 문제를 봅시다.

어떤 정수의 2배에서 5를 빼면 7 이하이고, 그 정수의 3배에서 7을 빼면 8 이상이라고 할 때, 이런 정수를 모두 구하여라.

구하는 수를 x라고 합시다. 이 수의 2배는 $2x$이고, 이것에서 5를 빼면 $2x-5$입니다. 이것은 7 이하이므로 다음과 같이

쓸 수 있습니다.

$2x-5\leq 7$ …… (1)

또한 구하는 수의 3배는 $3x$이고, 그것에서 7를 뺀 수는 $3x-7$입니다. 이것이 8 이상이므로

$3x-7\geq 8$ …… (2)

이 됩니다. 그러므로 구하는 수는 2개의 부등식 (1)과 (2)를 동시에 만족해야 합니다.

그러면 먼저 부등식 (1)을 풀어 봅시다.

좌변의 −5를 이항하면,

$2x \le 7+5$

$2x \le 12$

가 됩니다. 이제 양변을 2로 나누면,

$x \le 6$ …… (3)

이 됩니다.

즉, 구하는 수는 부등식 (3)을 만족해야 합니다. 이것을 수직선에 나타내면 다음과 같지요.

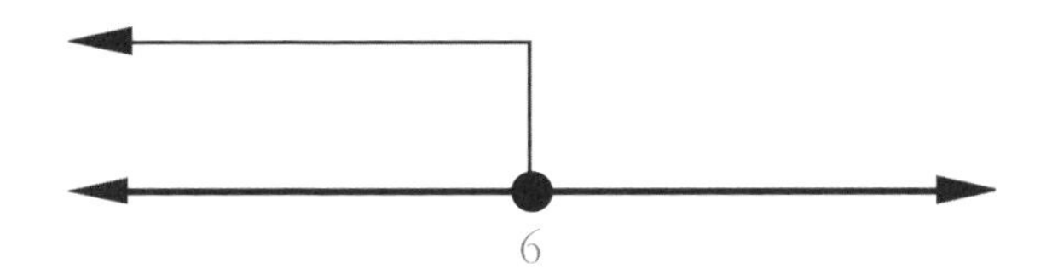

이번에는 부등식 (2)를 풀어 보죠.

좌변의 −7을 이항하면,

$3x \ge 7+8$

$3x \ge 15$

가 됩니다. 이제 부등식의 양변을 3으로 나누면,

$x \geq 5$ …… (4)

가 됩니다.

즉, 구하는 수는 부등식 (4)를 만족해야 합니다. 이것을 수직선에 나타내면 다음과 같지요.

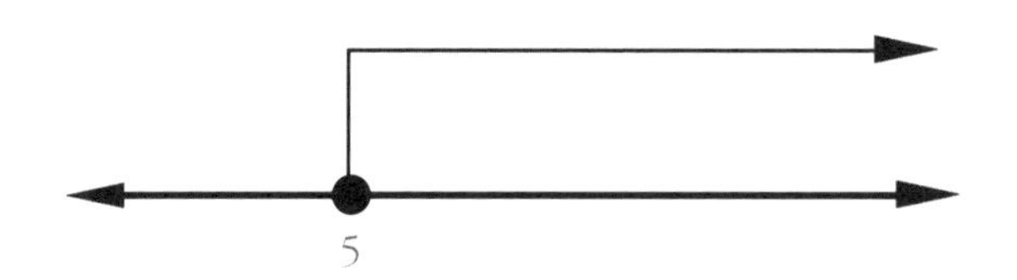

부등식 (1)과 (2)를 동시에 만족하는 x의 범위를 찾는 문제가 부등식 (3)과 (4)를 동시에 만족하는 범위를 찾는 문제로 바뀌었습니다.

이것을 풀기 위해서는 한 수직선에 다음과 같이 두 범위 (3)과 (4)를 모두 나타냅니다.

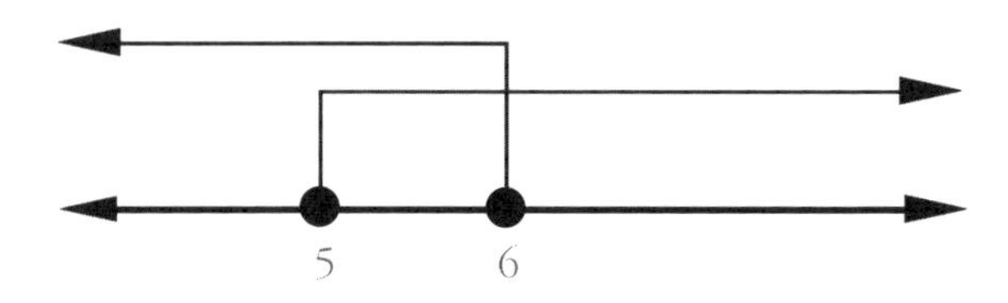

이때 공통이 되는 부분은,

$$5 \le x \le 6$$

입니다. 이것이 바로 두 부등식을 동시에 만족하는 x의 범위입니다. 즉, 이 식을 만족하는 정수는 5와 6입니다. 그러므로 구하는 정수는 5 또는 6이지요.

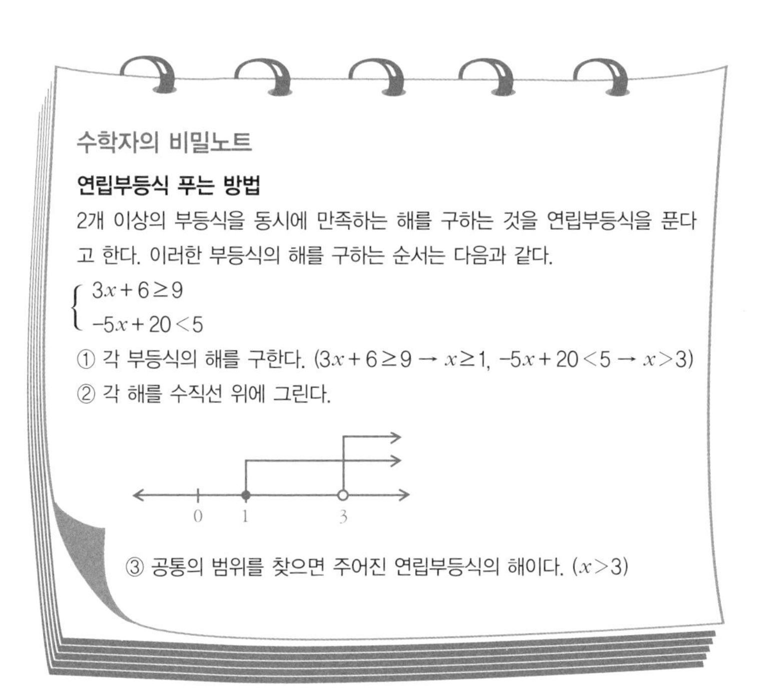

수학자의 비밀노트

연립부등식 푸는 방법

2개 이상의 부등식을 동시에 만족하는 해를 구하는 것을 연립부등식을 푼다고 한다. 이러한 부등식의 해를 구하는 순서는 다음과 같다.

$$\begin{cases} 3x+6 \ge 9 \\ -5x+20 < 5 \end{cases}$$

① 각 부등식의 해를 구한다. ($3x+6 \ge 9 \rightarrow x \ge 1$, $-5x+20 < 5 \rightarrow x > 3$)

② 각 해를 수직선 위에 그린다.

③ 공통의 범위를 찾으면 주어진 연립부등식의 해이다. ($x > 3$)

만화로 본문 읽기

선생님, 힌트 좀 주세요.
어떤 정수의 2배에서 5를 빼면 7 이하이고, 그 정수의 3배에서 7을 빼면 8 이상이다. 이런 정수를 모두 구하여라.
이 문제는 2개의 부등식을 동시에 만족하는 연립부등식을 세우면 되요.

구하는 정수를 x라고 할 때, 이 수의 2배에서 5를 빼면 (2x−5)예요. 이것이 7 이하이므로 2x−5≤7이지요.
아, 그럼 두 번째 부등식은 제가 풀어 볼게요.
2x−5≤7… (1)

어떤 정수의 3배에서 7을 뺀 수는 (3x−7)인데 이것이 8 이상이므로 3x−7≥8이에요.
훌륭하군요.
2x−5≤7… (1)
3x−7≥8… (2)

이다음엔 어떻게 해야 하죠?
이제 2개의 부등식을 동시에 만족하는 수를 찾으면 되요. 부등식 (1)을 풀면 x≤6이 되고, 이것을 수직선에 나타내면 다음과 같지요.
6
x≤6

부등식 (2)는 제가 해결할게요. 부등식 (2)는 x≥5가 되고, 이것을 수직선에 나타내면 다음과 같아요.
이제 부등식 x≤6, x≥5를 동시에 만족하는 범위를 찾는 문제가 된 것이죠.
5
x≥5

두 부등식을 수직선에 함께 나타내어 공통으로 만족하는 부분을 찾으면 5≤x≤6 이지요. 이것이 바로 두 부등식을 동시에 만족하는 x의 범위랍니다.
아, 그럼 구하려는 어떤 정수는 5 또는 6이네요.
5≤x≤6
5
6

다섯 번째 수업 5

삼각형과 부등식

삼각형이 만들어질 수 있는 조건은 무엇일까요?
삼각부등식에 대해 알아봅시다.

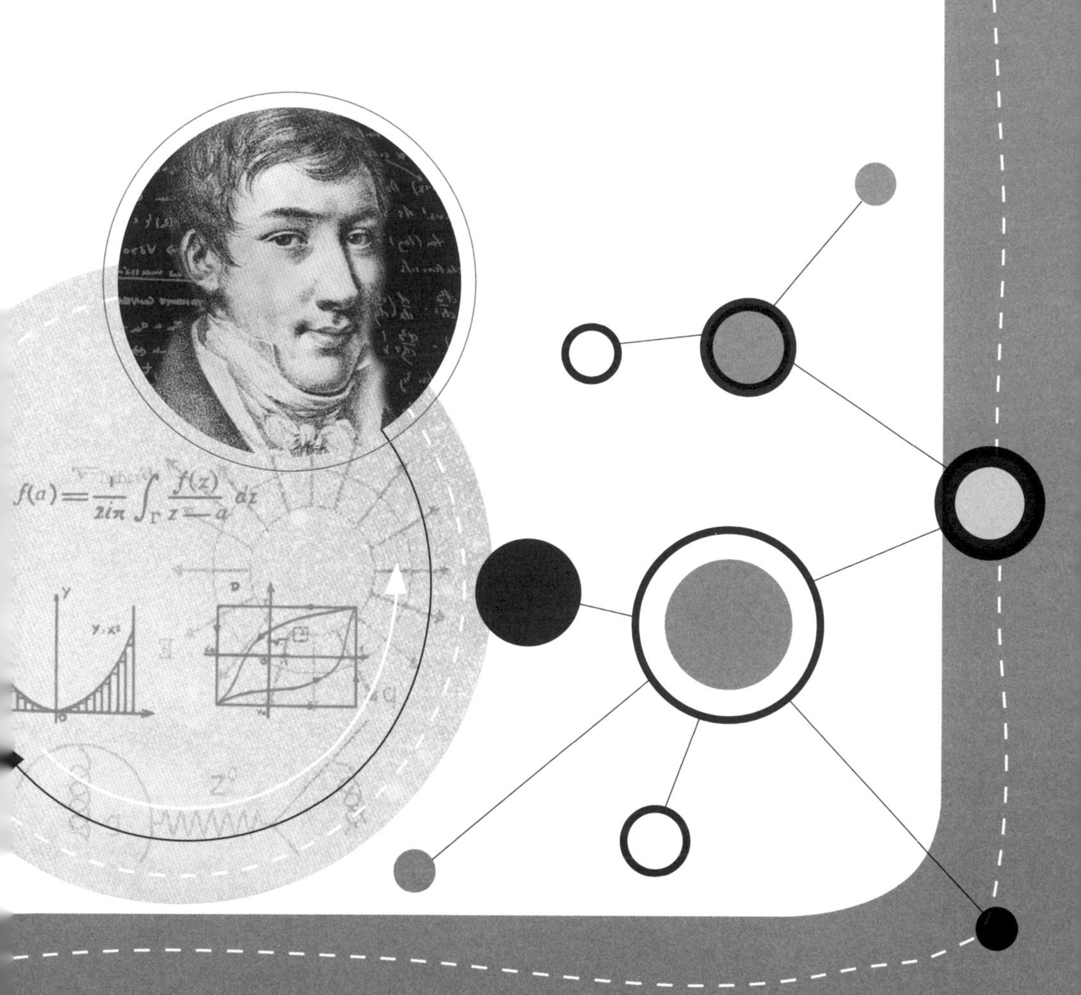

5

다섯 번째 수업

삼각형과 부등식

교과 연계		
	중등 수학 2-1	Ⅳ. 부등식
	고등 수학 1-1	Ⅲ. 방정식과 부등식
	고등 수학 1-2	Ⅰ. 도형의 방정식
	고등 수학 Ⅱ	Ⅰ. 방정식과 부등식

코시는 철사와 가위,
자를 가지고 들어와
다섯 번째 수업을 시작했다.

코시는 학생들에게 9cm 철사를 3도막으로 잘라 삼각형을 만들어 보게 했다. 어떤 학생들은 삼각형을 만들 수 있었지만, 어떤 학생들은 삼각형을 만들 수 없었다.

지영이는 다음과 같이 3도막으로 잘랐군요.

이때는 삼각형이 만들어졌어요. 이 경우의 세 변 중 두 변의 길이의 합과 다른 한 변의 길이 사이의 대소를 비교해 봅시다.

$2+3>4$

$2+4>3$

$3+4>2$

어떤 두 변의 길이의 합도 다른 한 변의 길이보다 크지요? 이것을 삼각부등식이라고 부릅니다. 삼각형의 세 변의 길이는 항상 이 부등식을 만족하지요.

이번에는 기형이가 자른 3도막을 봅시다. 기형이는 다음과 같이 3도막으로 잘랐어요.

하지만 이 3도막으로는 삼각형을 만들 수 없습니다. 이 3도막으로 삼각형을 만들려면, 어떤 두 변의 길이의 합도 다른 한 변의 길이보다 커야 합니다. 하지만 기형이가 자른 3도막의 길이를 비교하면,

$1+2<6$

$1+6>2$

$2+6>1$

이 됩니다. 따라서 삼각부등식을 만족하지 않으므로 1cm, 2cm, 6cm의 도막으로는 삼각형을 만들 수 없습니다.

반사의 법칙

코시는 진우에게 A에서 말을 타고 강에 가서 말에게 물을 먹인 뒤 B에 있는 집으로 가되, 제일 짧은 거리를 선택해 가게 했다.

진우는 적당한 곳에서 말에게 물을 먹인 뒤 집에 갔다. 진우가 움직인 거리는 14km였다.

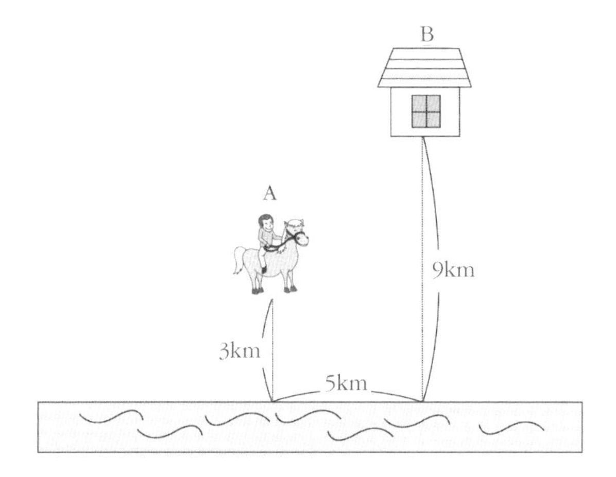

진우가 간 길이 제일 짧은 거리일까요? 그렇지 않습니다. 이 문제에도 삼각부등식을 이용할 수 있습니다.

이 문제는 다음 그림과 같이 점 A에서 출발하여 직선 L 위의 한 점 P를 지나 B에 갈 때 $\overline{AP}+\overline{PB}$가 제일 짧아지는 거리를 찾는 문제입니다.

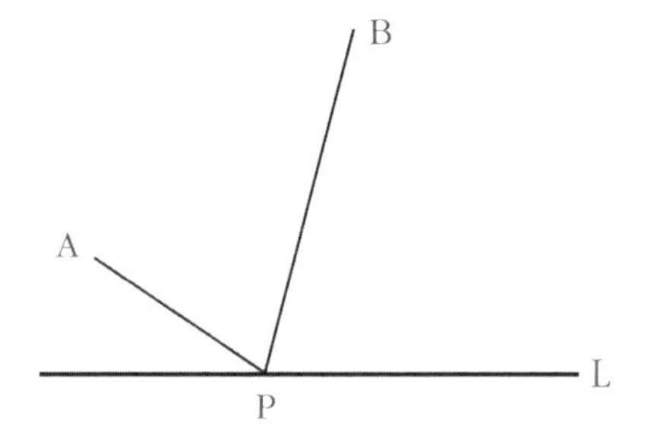

이때 점 A의 직선 L에 대한 대칭점을 A′ 이라고 합시다.

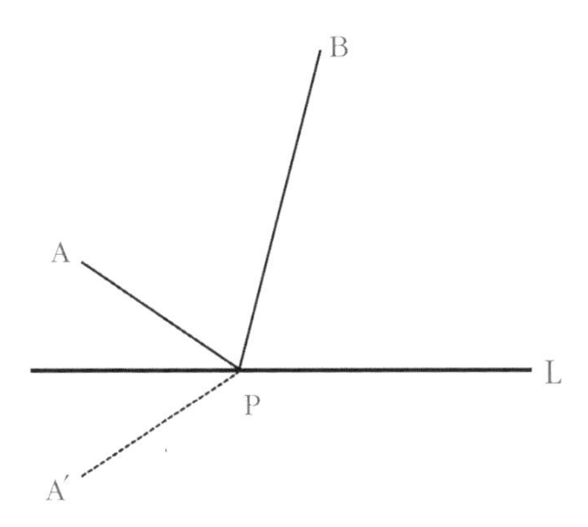

따라서 진우가 간 길은 $\overline{A'P}+\overline{PB}$와 같습니다.

이때 점 B와 A를 이어 $\overline{BA'}$이 직선 L과 만나는 점을 Q라고 합시다.

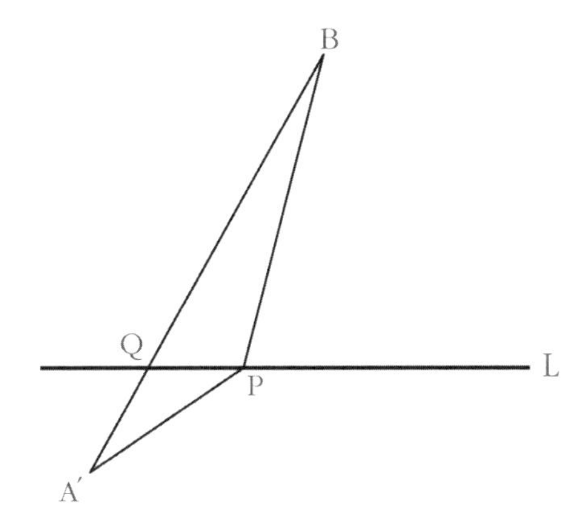

이때 삼각형 BPA′을 보면 $\overline{A'P}+\overline{PB}$는 두 변의 길이의 합이므로 삼각부등식에 의해 다른 한 변의 길이보다 큽니다.

$\overline{A'P}+\overline{PB}>\overline{A'B}$

여기서 $\overline{A'B}=\overline{A'Q}+\overline{QB}$입니다. 따라서 진우가 Q에서 말에게 물을 먹일 때 진우가 간 거리는 최소가 되지요. 이 경우 점 A′의 대칭점이 A이므로 $\overline{AQ}+\overline{QB}$가 가장 짧은 거리가 됩니다.

따라서 제일 짧은 거리는 $\overline{A'B}$이고, 이 거리를 x라고 하면 직각삼각형 BA′C′에서 피타고라스의 정리를 이용하여 x를 구할 수 있습니다.

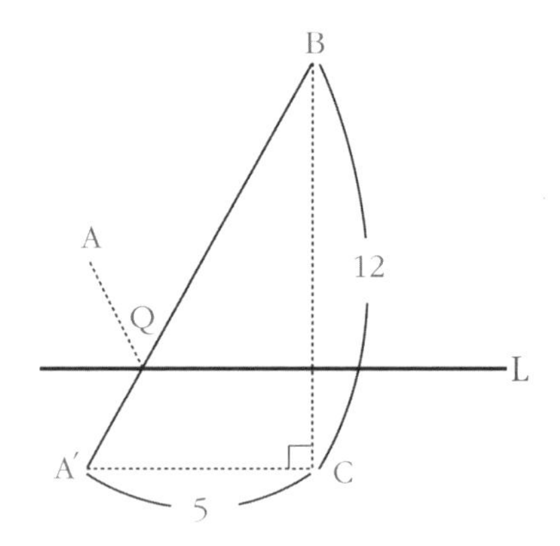

$x^2=5^2+12^2=169$

이므로, x=13이 되어 가장 짧은 거리는 13km가 되지요.

수학자의 비밀노트

피타고라스의 정리

직각삼각형 ABC에 대하여 각 꼭짓점의 대변을 a, b, c라고 하자. 이때 직각삼각형의 세 변의 길이에 대해 다음과 같은 관계가 성립한다.

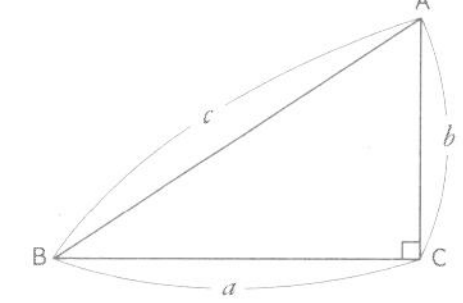

$$a^2+b^2=c^2(\angle C=90^\circ)$$

여기서 c는 빗변의 길이, 즉 빗변 길이의 제곱은 다른 두 변의 길이의 제곱의 합과 같다는 정리이다.

만화로 본문 읽기

그냥 대충 3개로 자르면 된다니까!
그러면 안 된다니까.
둘이서 왜 그렇게 다투고 있나요?

9cm 철사를 세 도막으로 잘라서 삼각형을 만들어야 하는데 영희가 자꾸 대충 자르면 안 된다고 하잖아요.
당연하지요. 삼각형의 세 변의 길이는 항상 삼각부등식을 만족해야 삼각형이 만들어진답니다.
삼각형의 세 변의 길이는 삼각부등식을 만족해야 한다.

삼각부등식이요?
어떤 두 변의 길이의 합도 다른 한 변의 길이보다 크다는 것이 삼각부등식이지요.
삼각부등식: 두 변의 길이의 합도 다른 한 변의 길이보다 크다.
그것 봐.

저는 1cm, 2cm, 6cm의 세 도막으로 자를래요.
철이가 자른 가장 짧은 두 도막의 합과 가장 긴 변의 길이를 비교하면 1+2<6이에요. 즉, 삼각부등식을 만족하지 않으니 삼각형을 만들 수 없지요.
1
2
6
1
2
6

저는 2cm, 3cm, 4cm의 세 도막으로 자르려고 했어요.
영희가 자른 건 어떤 두 변의 길이의 합도 다른 한 변의 길이보다 크지요. 그래서 삼각형을 만들 수 있답니다.
2
3
4
2
3
4
2+3>4
2+4>3
3+4>2

삼각형의 세 변의 길이는 항상 삼각부등식을 만족해야 삼각형이 만들어진다는 것을 명심하세요.
네, 명심하겠습니다.
너, 이제야 정신 차렸구나? 하하하.

여섯 번째 수업 6

사각형과 부등식

둘레가 일정할 때 넓이가 최대가 되는 사각형은 어떤 모양일까요?
사각형과 부등식과의 관계를 알아봅시다.

6

여섯 번째 수업

사각형과 부등식

교과연계

중등 수학 2-1	Ⅳ. 부등식
고등 수학 1-1	Ⅲ. 방정식과 부등식
고등 수학 Ⅱ	Ⅰ. 방정식과 부등식

코시가 사각형과 관련된 재미있는 부등식을 소개하겠다며 여섯 번째 수업을 시작했다.

코시는 학생들에게 12cm의 철사를 나누어 주었다. 그리고 이 철사로 가로, 세로의 길이가 자연수가 되는 직사각형을 만들어보게 했다. 학생들은 여러 종류의 직사각형을 만들었다.

여러분이 만든 직사각형의 가로와 세로의 길이를 나열해 봅시다.

구분	가로(cm)	세로(cm)
직사각형 A	1	5
직사각형 B	2	4
직사각형 C	3	3
직사각형 D	4	2
직사각형 E	5	1

여기서 직사각형 A와 E, B와 D는 돌리면 겹쳐지므로 제외합시다. 그러면 3종류의 직사각형이 가능합니다. 물론 직사각형 C는 정사각형입니다. 그리고 직사각형 B가 직사각형 A보다는 정사각형에 가깝습니다.

이제 세 직사각형에 대해 긴 변의 길이와 짧은 변의 길이의 차를 적어 봅시다.

구분	가로(cm)	세로(cm)	차이(cm)
직사각형 A	1	5	4
직사각형 B	2	4	2
직사각형 C	3	3	0

그러므로 직사각형은 긴 변과 짧은 변의 차가 작을수록 정사각형에 가까워짐을 알 수 있습니다. 물론 이들 직사각형은 같은 길이의 철사로 만들었으므로 둘레의 길이가 같습니다.

이번에는 이들 직사각형의 넓이를 나열해 보겠습니다.

구분	가로(cm)	세로(cm)	차이(cm)	넓이(cm^2)
직사각형 A	1	5	4	5
직사각형 B	2	4	2	8
직사각형 C	3	3	0	9

따라서 둘레의 길이가 같을 때, 정사각형에 가까울수록 넓이가 커진다는 것을 알 수 있습니다.

왜 둘레의 길이가 일정하면, 정사각형에 가까울수록 넓이가 커지는지를 간단하게 증명할 수 있습니다. 가로의 길이가 x이고, 세로의 길이가 y인 직사각형을 봅시다. 긴 쪽이 가로가 되도록 사각형을 놓으면 x가 항상 y보다 큽니다.

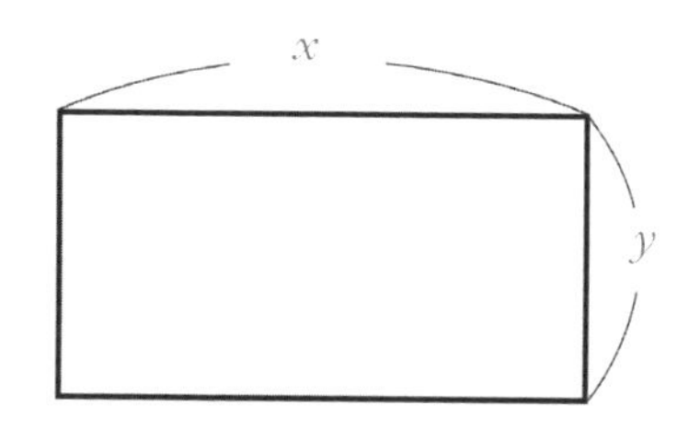

이때 일정한 둘레의 길이를 20이라고 하면,

$$x+y=10 \cdots\cdots (1)$$

이 됩니다.

x가 y보다 a만큼 길다고 합시다. 그러면

$$x=y+a \cdots\cdots (2)$$

가 됩니다. (2)를 (1)에 대입하면 $y+a+y=10$이므로

$$y=\frac{10-a}{2} \cdots\cdots (3)$$

가 됩니다.

(3)을 (2)에 대입하면,

$$x=\frac{10+a}{2}$$

가 됩니다.

이때 직사각형의 넓이를 A라고 하면,

$$
\begin{aligned}
A &= x \times y \\
&= \frac{10+a}{2} \times \frac{10-a}{2} \\
&= \frac{1}{4}(100-a^2)
\end{aligned}
$$

이 됩니다. 그러므로 a^2이 작을수록 A가 커지게 됩니다. a^2이 작다는 것은 a가 작다는 것이고, a가 작다는 것은 정사각형에 가까운 직사각형을 뜻합니다.

그러므로 둘레의 길이가 일정할 때는 정사각형에 가까운 직사각형의 넓이가 가장 큽니다. 물론 $a^2=0$일 때, 즉 $a=0$일 때 최대의 넓이가 됩니다. $a=0$는 $x=y$를 의미하므로 정사각형일 때를 말합니다.

일곱 번째 수업

7

여러 가지 평균 이야기

평균에는 산술평균, 기하평균, 조화평균이 있습니다.
3가지 종류의 평균의 차이에 대해 자세히 알아봅시다.

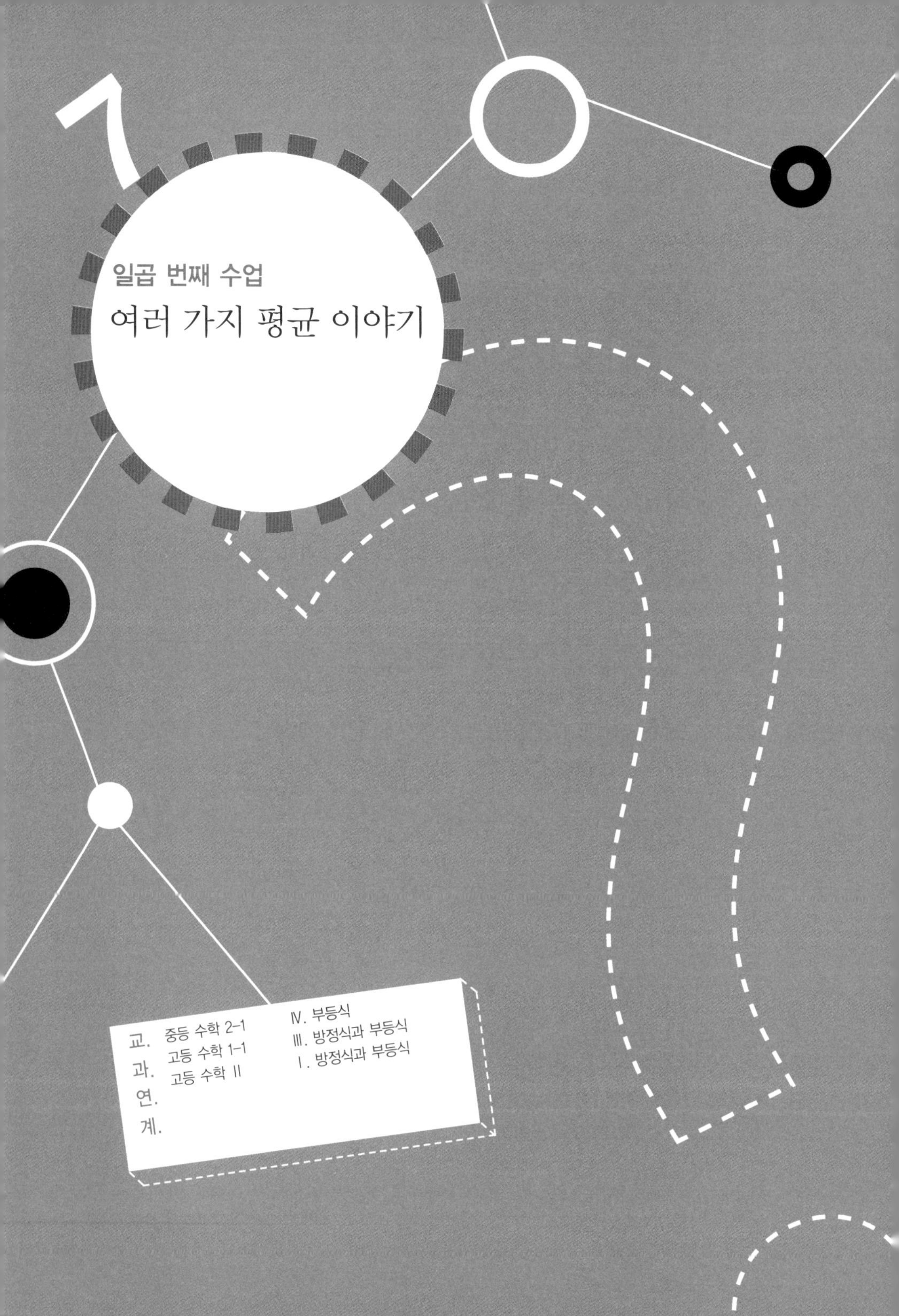

7

일곱 번째 수업

여러 가지 평균 이야기

교과 연계

중등 수학 2-1	Ⅳ. 부등식
고등 수학 1-1	Ⅲ. 방정식과 부등식
고등 수학 Ⅱ	Ⅰ. 방정식과 부등식

코시는 여러 가지 평균을 소개하겠다며 일곱 번째 수업을 시작했다.

오늘은 여러 가지 평균에 대해 알아보겠습니다.

평균에는 산술평균, 기하평균, 조화평균이 있습니다.

__ 저희에게 익숙한 평균부터 소개해 주세요.

그래요. 그럼 이 중에서 우리가 가장 많이 사용하는 평균인 산술평균에 대해 먼저 알아보겠습니다.

코시는 손에 숫자 카드 더미를 쥐고 와서는 다음과 같은 3장의 카드를 학생들에게 보여 주었다.

여기서 1, 2, 3 사이의 관계는 다음과 같습니다.

$$2=\frac{1+3}{2}$$

이렇게 두 수의 합을 2로 나눈 것을 두 수의 산술평균이라고 부릅니다.

A와 B의 산술평균은 $\frac{A+B}{2}$ 이다.

코시는 다른 3장의 카드를 학생들에게 보여 주었다.

여기서 11, 12, 13 사이의 관계는 다음과 같습니다.

$$12 = \frac{11+13}{2}$$

이렇게 세 수가 연속될 때 가운데 수는 다른 두 수의 산술평균이 됩니다. 수가 연속된다는 것은 수가 1씩 커진다는 것을 의미합니다. 그러므로 11, 12, 13은 다음과 같이 쓸 수 있습니다.

$$12-1,\ 12,\ 12+1$$

이때 $12-1$과 $12+1$의 산술평균은 $\frac{(12-1)+(12+1)}{2}=12$가 됩니다.

그러면 연속인 세 수의 경우만 그럴까요? 다음 세 수를 봅시다.

2, 5, 8

이 수들은 3씩 커지고 있습니다.

이때 세 수 사이의 관계는

$$5 = \frac{2+8}{2}$$

입니다. 그러므로 5가 2와 8의 산술평균입니다. 즉, 어떤 세 수가 일정한 수만큼 커지면 가운데 있는 수는 다른 두 수의 산술평균입니다.

기하평균

이번에는 기하평균에 대해 알아보겠습니다.

코시는 카드 더미에서 다음과 같은 3장의 카드를 집어서 학생들에게 보여 주었다.

이 세 수는 앞의 수에 2씩 곱한 것입니다.

$4 = 2 \times 2$

$8 = 4 \times 2$

이때 4는 2와 8의 산술평균일까요? $\frac{2+8}{2}=5$이므로 4와 같지 않습니다. 이때 4는 2와 8의 산술평균이 아닙니다. 세 수 사이의 관계는 다음과 같습니다.

$4^2=2\times8$

즉, 가운데 수의 제곱이 다른 두 수의 곱과 같습니다. 이때 4를 2와 8의 기하평균이라고 부릅니다.

A와 B의 기하평균을 G라고 하면 $G^2=A\times B$ 이다.

기하평균의 예를 찾아봅시다.

코시는 양팔 저울을 가지고 왔다. 하지만 양쪽 팔의 길이가 달랐다.

이 저울은 팔의 길이가 다릅니다. 이 저울을 이용하여 쇠구슬의 질량을 재 보겠습니다.

코시가 왼쪽에 쇠구슬을 올려 놓고 오른쪽에 8kg의 추를 놓았더니 저울이 수평을 이루었다.

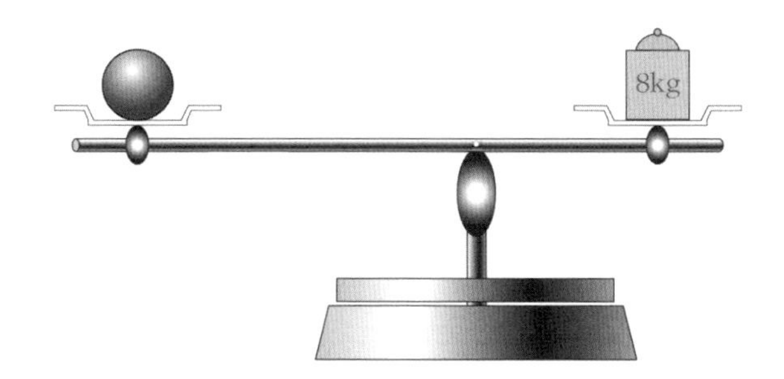

이번에는 오른쪽에 쇠구슬을 올려놓고 왼쪽에 2kg의 추를 놓았더니 저울이 수평을 이루었다.

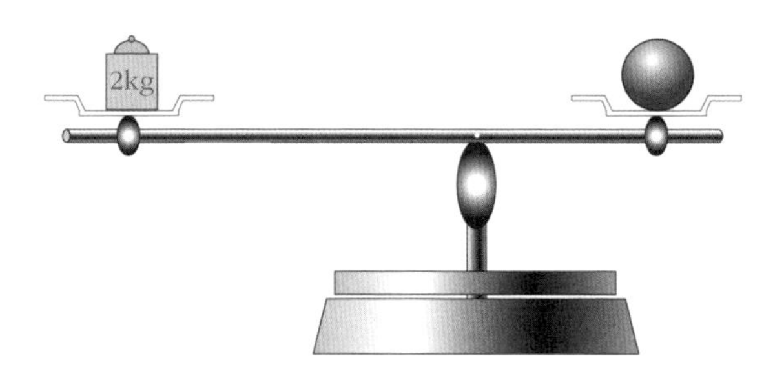

쇠구슬의 질량을 $x$kg이라고 하고, 저울의 왼쪽 팔의 길이를 a, 오른쪽 팔의 길이를 b라고 합시다.

먼저 왼쪽에 쇠구슬을 올려놓은 경우를 봅시다.

지레의 원리에 의해 다음과 같이 됩니다.

$x \times a = 8 \times b$ …… (1)

이번에는 오른쪽에 물체를 올려놓은 경우를 봅시다. 지레의 원리에 의해 다음과 같이 됩니다.

$$2 \times a = x \times b \cdots\cdots (2)$$

이 두 식에서 x를 구할 수 있습니다. (2)를 다음과 같이 씁시다.

$$x \times b = 2 \times a \cdots\cdots (3)$$

(1)과 (3)을 좌변은 좌변끼리 우변은 우변끼리 곱하면

$$x \times a \times x \times b = 8 \times b \times 2 \times a$$

가 되고, 양변을 $a \times b$로 나누면

$$x \times x = 8 \times 2$$
$$x^2 = 4^2$$

이 됩니다. 이때 쇠구슬의 질량은 4kg이고 왼쪽과 오른쪽에

놓았던 추의 질량의 기하평균이 됨을 알 수 있습니다.

조화평균

다음 세 수를 봅시다.

$1, \frac{1}{2}, \frac{1}{3}$

__세 수는 아무런 관계가 없어 보여요.

그래요. 이 세 수 사이에는 아무런 관계가 없어 보입니다. 하지만 세 수의 역수를 취해 봅시다.

1, 2, 3

여기서 2는 1과 3의 산술평균입니다.

$2 = \frac{1+3}{2}$

이 식의 역수를 취하면

$$\frac{1}{2} = \frac{2}{1+3}$$

가 됩니다. 우변의 분자와 분모에 똑같이 $\frac{1}{3}$을 곱하면

$$\frac{1}{2} = \frac{2 \times 1 \times \frac{1}{3}}{(1+3) \times \frac{1}{3}}$$

$$\frac{1}{2} = \frac{2 \times 1 \times \frac{1}{3}}{1 + \frac{1}{3}}$$

이 됩니다. 이것은 1, $\frac{1}{2}$, $\frac{1}{3}$ 사이의 관계입니다. 이때 가운데 있는 수 $\frac{1}{2}$을 1과 $\frac{1}{3}$의 조화평균이라고 부릅니다.

A와 B의 조화평균은 $\frac{2 \times A \times B}{A+B}$ 이다.

속력과 산술평균

코시는 민지에게 3초 동안 초속 5m의 속력으로 가다가 다음 3초 동안 초속 7m의 속력으로 가게 했다.

민지는 3초 동안은 느리게 가다가 다음 3초 동안 빨라졌군요.

이때 민지의 6초 동안의 속력은 얼마가 될까요? 거리는 속력과 시간의 곱이므로 다음과 같이 계산할 수 있습니다.

처음 3초 동안 간 거리(m) = 5×3

다음 3초 동안 간 거리(m) = 7×3

따라서 민지가 움직인 전체 거리는

$5 \times 3 + 7 \times 3$

이 됩니다. 그런데 민지가 움직인 시간은 6초이므로 민지의 6초 동안의 속력은

$$\frac{5\times3+7\times3}{6}$$

가 되고, 3으로 약분하면

$$\frac{5+7}{2}\ (\text{m/초})$$

이 됩니다. 즉, 같은 시간 동안 달라지는 속력에 대한 평균은 산술평균이 됩니다.

속력과 조화평균

이번에는 속력과 조화평균 사이의 관계를 알아봅시다.

코시는 민지에게 12m의 거리를 갈 때는 초속 2m의 속력으로, 올 때는 초속 3m의 속력으로 오게 했다.

민지는 처음 12m를 갈 때는 느리게 갔다가 돌아올 때는 빨라졌군요. 이때 민지가 왕복하는 데 걸린 속력은 얼마가 될까요? 시간은 거리를 속력으로 나눈 값이므로

12m를 갈 때 걸린 시간(초) $= \frac{12}{2}$

12m를 올 때 걸린 시간(초) $= \frac{12}{3}$

가 되고, 따라서 민지가 걸린 전체 시간은

$$\frac{12}{2} + \frac{12}{3}$$

가 됩니다. 민지가 움직인 거리는 2×12이므로, 민지의 속력은

$$\frac{2 \times 12}{\frac{12}{2} + \frac{12}{3}}$$

가 되고, 분모 분자를 12로 나누면

$$\frac{2}{\frac{1}{2} + \frac{1}{3}}$$

가 되며, 분모와 분자에 2×3을 곱하면

$$\frac{2\times2\times3}{3+2}\,(\text{m/초})$$

이 됩니다. 즉, 같은 거리를 가는데 달라지는 속력에 대한 평균은 조화평균이 됩니다.

만화로 본문 읽기

여러분, 평균에도 여러 종류가 있다는 것을 알고 있나요?
네? 평균에도 여러 가지가 있다고요?
정말요?

평균에는 산술평균, 기하평균, 조화평균이 있답니다. 자, 여기 세 숫자는 어떤 관계가 있을까요?
글쎄요….
1
2
3

세 수 1, 2, 3에서 $2=\frac{1+3}{2}$과 같습니다. 이렇게 두 수의 합을 2로 나눈 것을 두 수의 산술평균이라고 부르죠.
그럼 기하평균은 어떤 것인가요?
$2=\frac{1+3}{2}$

이 세 수는 앞의 수에 2씩 곱해진 수입니다. 이때 4는 2와 8의 산술평균이 아닙니다. 하지만 가운데 수의 제곱이 다른 두 수의 곱과 같지요. 이때 4를 2와 8의 기하평균이라고 부른답니다.
2
4
8
$4^2=2\times 8$

마지막으로 이 세 수를 봅시다. 아무런 관계가 없어 보이지만 세 수의 역수를 취해 산술평균을 구한 다음, 그것의 역수를 취하면 다음과 같죠.
1
$\frac{1}{2}$
$\frac{1}{3}$
1, 2, 3
$2=\frac{1+3}{2}$
$\frac{1}{2}=\frac{2}{1+3}$

우변의 분모, 분자에 똑같이 $\frac{1}{3}$을 곱해 봅시다. 이것이 세 수 사이의 관계이고, 이때 가운데 있는 수 $\frac{1}{2}$을 조화평균이라고 하죠.
아, 그렇군요.
$\frac{1}{2}=\frac{2\times\frac{1}{3}}{(1+3)\times\frac{1}{3}}$
우변의 분모를 정리하면,
$\frac{1}{2}=\frac{2\times ① \times \boxed{\frac{1}{3}}}{① + \boxed{\frac{1}{3}}}$

여덟 번째 수업

8

재미있는 부등식

산술평균, 기하평균, 조화평균 중 가장 큰 것은 무엇일까요?
세 평균의 크기를 비교해 봅시다.

8

여덟 번째 수업

재미있는 부등식

교. 과. 연. 계.

중등 수학 2-1	Ⅳ. 부등식
고등 수학 1-1	Ⅲ. 방정식과 부등식
고등 수학 Ⅱ	Ⅰ. 방정식과 부등식

코시는 세 평균 중 가장 큰 값을 구해 보자며 여덟 번째 수업을 시작했다.

다음 두 수를 봅시다.

2, 8

두 수의 세 평균을 구하면 다음과 같습니다.

산술평균 = 5

기하평균 = 4

조화평균 = 3.2

그러므로 다음과 같이 말할 수 있습니다.

(산술평균) > (기하평균) > (조화평균)

두 수가 같을 때는 어떻게 될까요?
다음 두 수를 봅시다.

3, 3

이 두 수의 세 평균을 구해 봅시다.

산술평균=3
기하평균=3
조화평균=3

그러므로 다음과 같이 말할 수 있습니다.

(산술평균)=(기하평균)=(조화평균)

이 두 가지 사실을 종합하면 다음과 같습니다.

(산술평균) $\leq$ (기하평균) $\geq$ (조화평균)

이때 등호는 두 수가 같을 때 성립합니다.

산술평균과 기하평균

두 양수 A, B에 대해 산술평균은 $\frac{A+B}{2}$입니다. 또한 기하평균을 x라고 하면, x^2=AB입니다.

이때 제곱하여 □가 되는 수를 $\sqrt{\square}$라고 합니다. 예를 들어 $\sqrt{2}$는 $x^2=2$를 만족하는 수입니다. 또한 $\sqrt{4}$는 $x^2=4$를 만족합니다. 이때 $4=2^2$이므로 $x=2$는 $x^2=4$를 만족합니다. 그러므로 $\sqrt{4}=\sqrt{2^2}=2$가 되지요.

이렇게 $\sqrt{\ }$(루트)안에 어떤 수의 제곱이 있으면 $\sqrt{\ }$가 벗겨지고 어떤 수만이 남게 됩니다.

예를 들면 다음과 같죠.

$$\sqrt{1} = \sqrt{1^2} = 1$$

$$\sqrt{4} = \sqrt{2^2} = 2$$

$$\sqrt{9} = \sqrt{3^2} = 3$$

하지만 제곱수가 아닐 때는 $\sqrt{\ }$ 가 벗겨지지 않습니다. 따라서 x^2=AB를 만족하는 x는 $x=\sqrt{AB}$입니다. 그러므로 산술평균과 기하평균의 관계는 다음 부등식으로 나타낼 수 있습니다.

$$\frac{A+B}{2} \geq \sqrt{AB}$$

이 식은 다음과 같이 쓸 수도 있습니다.

$$A+B \geq 2\sqrt{AB}$$

이 부등식은 양수 A, B에 대해 A+B의 최솟값이 $2\sqrt{AB}$라는 것을 의미합니다. 최소일 경우는 물론 등호가 성립하는 경우이므로 A=B일 때입니다.

이 등식을 이용하면 어떤 양의 최솟값을 구할 수 있습니다. 예를 들어 x가 양수라고 해 보죠. 이때 $x+\frac{1}{x}$의 최솟값을 구해 봅시다.

몇 가지 x의 값에 대해 조사하면 다음과 같습니다.

x	$\frac{1}{3}$	$\frac{1}{2}$	1	2	3
$x+\frac{1}{x}$	3.333⋯	2.5	2	2.5	3.333⋯

따라서 $x=1$일 때 $x+\frac{1}{x}$이 최소가 된다는 것을 알 수 있습니다. 이것은 다음과 같이 증명할 수 있습니다.

$$x+\frac{1}{x} \geq 2\sqrt{x\times\frac{1}{x}}$$
$$x+\frac{1}{x} \geq 2$$

그러므로 $x+\frac{1}{x}$의 최솟값은 2이고, 이것은 $x=\frac{1}{x}$일 때 생깁니다. 즉 $x=\frac{1}{x}$을 만족하는 양수 x의 값은 1이므로, $x+\frac{1}{x}$은 $x=1$일 때 최솟값 2를 가집니다.

둘레가 일정한 직사각형의 넓이

앞에서 둘레가 일정한 직사각형 중 넓이가 가장 큰 경우는 정사각형이라는 것을 배웠습니다.

이제 이것을 다른 말로 표현하면 '산술평균이 기하평균보다 크거나 같기 때문이다' 라고 할 수 있습니다.

직사각형의 둘레의 길이를 20이라고 하고, 가로의 길이를 x, 세로의 길이를 y라고 하면,

$$x+y=10 \cdots\cdots (1)$$

이 됩니다. 이때 직사각형의 넓이는 $A=x\times y$입니다. 이때 x, y는 모두 양수이므로,

$$x+y \geq 2\sqrt{x\times y} \cdots\cdots (2)$$

가 됩니다. (1)을 (2)에 넣으면,

$$10 \geq 2\sqrt{x\times y}$$

가 되고, 양변을 2로 나누면,

$$5 \geq \sqrt{A}$$

가 됩니다. 양변을 제곱하면,

$$25 \geq A, \text{ 즉 } A \leq 25$$

가 되므로 넓이의 최댓값은 25이고, 그것은 $x=y$일 때입니

다. 즉, 정사각형일 때 넓이가 최대가 되지요.

도시에 도로 만들기

예를 들어, 넓이가 300km²인 직사각형 모양의 도시가 있다고 합시다. 이 도시에 그림과 같은 도로를 만들려고 합니다.

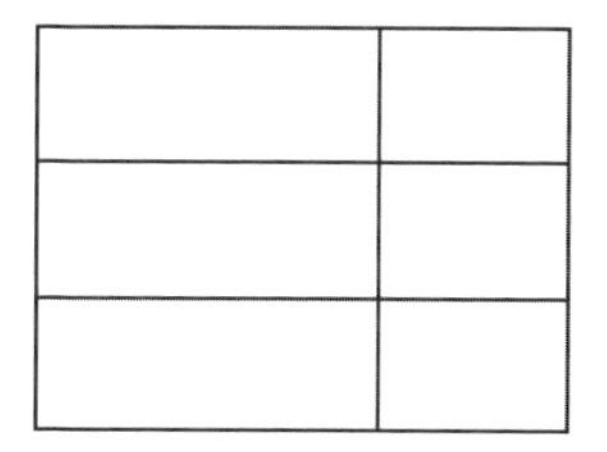

이때 각 도로에 1km마다 표지판을 세우려고 한다면, 필요한 가장 작은 표지판의 개수는 몇 개일까요?

이 문제를 해결하기 위해서 먼저 알아야 할 것이 있습니다.

코시는 4m가 되도록 바닥에 줄을 그렸다. 그리고 학생들을 1m 간격으로 세웠다.

학생이 4명이 아니라 5명이 필요하지요? 즉, 필요한 아이

들의 수는 (4+1)명입니다. 이것은 길이가 □m인 도로에 1m 간격으로 표지판을 세운다면 (□+1)개의 표지판이 필요하다는 것을 말해 줍니다.

그림과 같이 도로의 가로 길이를 x, 세로 길이를 y라고 합시다.

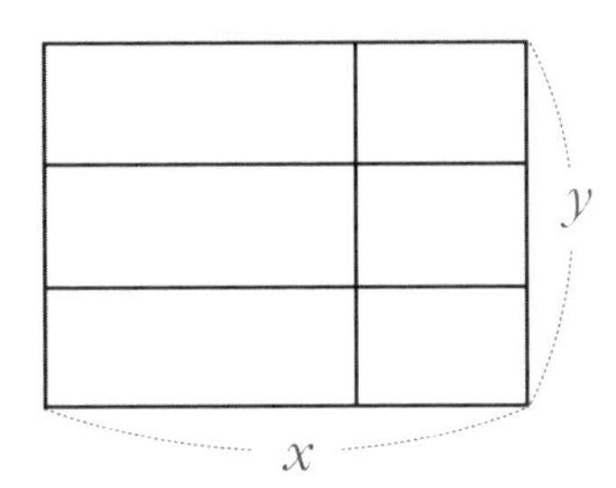

이때 길이가 x인 도로가 4개, 길이가 y인 도로가 3개 있습니다. 도시의 넓이가 300km²이므로, $xy=300$입니다.

$x$km인 도로에는 $(x+1)$개의 표지판이 필요하고, $y$km인 도로에는 $(y+1)$개의 표지판이 필요합니다. 그런데 두 선이 만나는 곳은 x인 도로에도, y인 도로에도 계산되니까 중복으로 헤아려졌습니다. 그러니까 그 개수만큼 빼 주어야 하지요.

따라서 표지판의 개수는 다음과 같습니다.

$$4(x+1)+3(y+1)-12=4x+3y-5$$

이때 (산술평균) ≧ (기하평균)이므로

$$4x+3y-5 \geq 2\sqrt{4x \times 3y}-5$$

가 되고, $xy=300$이므로,

$$4x+3y-5 \geq 115$$

입니다. 그러므로 표지판의 개수는 115개 이상이어야 합니다.

만화로 본문 읽기

넓이가 300m²인 직사각형 모양의 땅에 이렇게 울타리를 만들려고 하는데 각 1m마다 기둥을 세워야 하거든요. 기둥의 개수를 최소한으로 하고 싶은데, 그게 몇 개인지 모르겠어요.

아, 그건 부등식으로 구할 수 있겠는데요?

그러면 길이가 x인 울타리는 (x+1)개, 길이가 y인 울타리는 (y+1)개가 필요해요. 그런데 중복으로 헤아려진 곳은 그 개수만큼 빼야 해요. 그래서 기둥의 개수는 다음과 같지요.

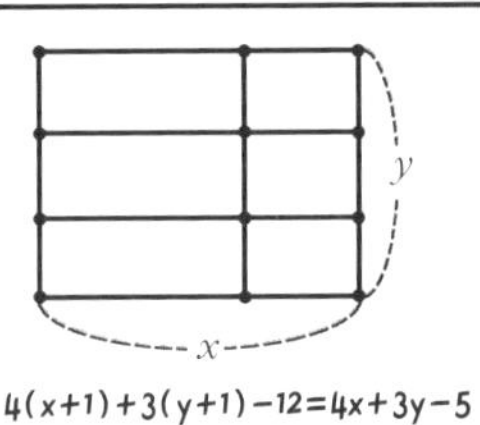

$$4(x+1)+3(y+1)-12=4x+3y-5$$

이때 (산술평균)≥(기하평균)이므로 다음과 같이 정리됩니다. 따라서 기둥의 개수는 115개 이상이어야 하는 것이죠.

마 지 막 수 업 9

산업에의 이용

산업에서 부등식을 이용하는 경우가 있습니다.
부등식을 이용하여 최고의 이익을 올리는 방법을 알아봅시다.

9

마지막 수업

산업에의 이용

교과 연계.		
	중등 수학 2-1	Ⅳ. 부등식
	고등 수학 1-1	Ⅲ. 방정식과 부등식
	고등 수학 1-2	Ⅰ. 도형의 방정식
	고등 수학 Ⅱ	Ⅰ. 방정식과 부등식

코시는 부등식을 배우는 이유를 설명하겠다며 마지막 수업을 시작했다.

부등식을 왜 배워야 할까요? 그것은 우리가 사는 생활에서 부등식을 이용하는 예가 많기 때문입니다. 또한 부등식은 산업에서도 좀 더 높은 이익을 올리기 위해 사용됩니다. 오늘은 그런 예를 한번 보겠습니다.

예를 들어, 어떤 회사에서 초콜릿을 생산한다고 합시다. 초콜릿 재료에는 원가가 싼 보통품과 원가가 비싼 특품의 2종류가 있습니다. 초콜릿 재료에는 3종류의 서로 다른 물질이 들어 있는데 보통품과 특품의 봉지에 들어 있는 3종류의 물질의 양은 다음과 같습니다.

구 분	A(g)	B(g)	C(g)
보통품	3	4	1
특 품	2	6	3

이 둘을 섞어 최고급 초콜릿을 만들려고 하는데, 그 초콜릿에는 A물질이 10g, B물질이 20g, C물질이 7g 이하로 들어가야만 합니다. 보통품 재료 1봉지의 원가는 3000원, 특품 재료 1봉지의 원가는 4000원일 때, 가장 원가가 비싼 초콜릿을 만들려면 각각의 재료를 몇 봉지씩 넣어야 할까요?

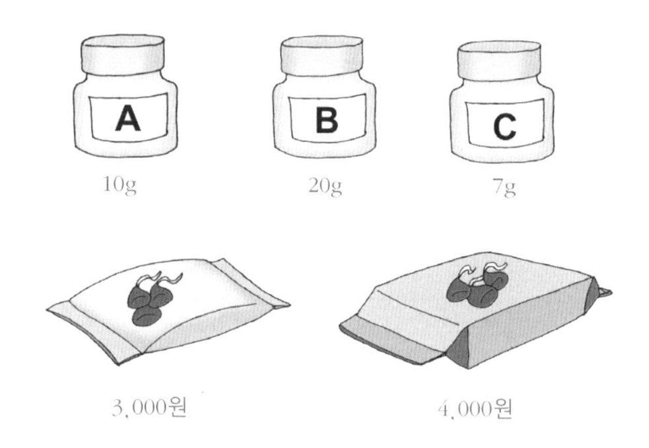

굉장히 어려워 보이는 문제입니다. 하지만 부등식을 이용하여 해결할 수 있습니다.

보통품을 x봉지, 특품을 y봉지 산다고 합시다. 그리고 초

콜릿의 값을 P원이라고 하면,

$$P = 3000 \times x + 4000 \times y = 3000x + 4000y$$

가 됩니다.

그러므로 P가 커지도록 x와 y의 값을 선택해야 합니다. 물론 값이 비싼 특품 재료를 많이 넣으면 넣을수록 초콜릿의 원가가 늘어납니다. 하지만 초콜릿 안에 포함될 세 물질의 양에는 제한이 있습니다.

우선 A물질의 경우를 보죠. 보통품 x봉지와 특품 y봉지에 들어 있는 A물질의 양은 다음과 같습니다.

보통품 x봉지의 A물질의 양(g) $= 3 \times x = 3x$
특품 y봉지의 A물질의 양(g) $= 2 \times y = 2y$

전체적으로 A물질은 10g 이하이므로

$$3x + 2y \leq 10$$

입니다.

B물질의 경우를 보죠. 보통품 x봉지와 특품 y봉지에 들어 있는 B물질의 양은 다음과 같습니다.

보통품 x봉지의 B물질의 양(g)$=4\times x=4x$
특품 y봉지의 B물질의 양(g)$=6\times y=6y$

전체 B물질의 양이 20g 이하이어야 하므로,

$4x+6y\le 20$

입니다.

마지막으로 C물질의 경우를 보죠. 보통품 x봉지와 특품 y봉지에 들어 있는 C물질의 양은 다음과 같습니다.

보통품 x봉지의 C물질의 양(g)$=1\times x=x$
특품 y봉지의 C물질의 양(g)$=3\times y=3y$

전체 C물질의 양이 7g 이하이어야 하므로,

$x+3y\le 7$

입니다.

따라서 두 재료의 봉지의 수는 다음 세 부등식을 동시에 만족해야 합니다.

$$3x+2y \le 10$$
$$4x+6y \le 20$$
$$x+3y \le 7$$

이제 이 부등식을 만족하는 x와 y의 값을 찾아봅시다. 2개의 문자 x, y가 있으므로 특품이 0봉지 들어간다고 하면 $y=0$이므로,

$$3x \le 10 \quad \rightarrow \quad x \le \frac{10}{3}$$
$$4x \le 20 \quad \rightarrow \quad x \le 5$$
$$x \le 7 \quad \rightarrow \quad x \le 7$$

이 되는데, 이때 세 경우를 모두 만족하는 x의 값은 0, 1, 2, 3입니다. 그러므로 가능한 (x, y)의 값은 다음과 같죠.

(0, 0), (1, 0), (2, 0), (3, 0)

특품이 1봉지 들어간다고 하면 $y=1$이므로,

$$3x+2 \le 10 \quad \rightarrow \quad x \le \frac{8}{3}$$
$$4x+6 \le 20 \quad \rightarrow \quad x \le 3.5$$
$$x+3 \le 7 \quad \rightarrow \quad x \le 4$$

가 되는데, 세 경우를 모두 만족하는 x의 값은 0, 1, 2입니다. 그러므로 가능한 (x, y)의 값은 다음과 같죠.

(0, 1), (1, 1) , (2, 1)

특품이 2봉지 들어간다고 하면 $y=2$이므로,

$$3x+4 \le 10 \quad \rightarrow \quad x \le 2$$
$$4x+12 \le 20 \quad \rightarrow \quad x \le 2$$
$$x+6 \le 7 \quad \rightarrow \quad x \le 1$$

이 되는데, 이때 세 경우를 모두 만족하는 x의 값은 0, 1입니다. 그러므로 가능한 (x, y)의 값을 모두 쓰면 다음과 같죠.

$(0, 2), (1, 2)$

특품이 3봉지 들어간다고 하면 $y=3$이므로

$$3x+6 \leq 10 \quad \rightarrow \quad x \leq 4$$
$$4x+18 \leq 20 \quad \rightarrow \quad x \leq 2$$
$$x+9 \leq 7 \quad \rightarrow \quad x \leq -2$$

가 됩니다. 그러나 이것을 동시에 만족하는 0 이상의 정수 x의 값은 없습니다.

특품이 4봉지 이상 들어가는 경우에도 그렇습니다. 그러므로 가능한 모든 경우의 (x, y)의 값은 다음과 같습니다.

$(0, 0), (1, 0), (2, 0), (3, 0), (0, 1), (1, 1), (2, 1),$
$(0, 2), (1, 2)$

이제 각각의 경우에 대해서 초콜릿의 원가 $P=3000x+4000y$를 계산해 봅시다.

다음과 같이 표를 만들면 한눈에 쉽게 보입니다.

x(봉지)	y(봉지)	P(원)
0	0	0
1	0	3,000
2	0	6,000
3	0	9,000
0	1	4,000
1	1	7,000
2	1	10,000
0	2	8,000
1	2	11,000

따라서 $x=1$, $y=2$일 때 P가 가장 큽니다. 즉, 보통품 1봉지와 특품 2봉지를 섞어 초콜릿을 만들면 조건을 만족하면서 원가가 가장 비싼 초콜릿이 만들어지지요.

만화로 본문 읽기

구 분	A(g)	B(g)	C(g)
보통품	3	4	1
특품	2	6	3

최고급 초콜릿을 만드는 데 들어갈 A, B, C 물질의 양과 한 봉지당 재료 원가가 다음과 같다고 합니다. 가장 원가가 비싼 초콜릿을 만들려면 각각 몇 봉지씩 넣어야 할까요?

선생님이 분명 부등식으로 푸실 거라는 건 알고 있는데….

들어갈 물질의 양
A물질 : 10g 이하
B물질 : 20g 이하
C물질 : 7g 이하

한 봉지당 재료 원가
보통품 3,000원
특품 4,000원

보통품을 x봉지, 특품을 y봉지 산다고 하면 초콜릿의 값은 P=3000x+4000y가 되겠죠? 그러므로 P가 커지도록 x, y의 값을 선택해야 하는데, 두 재료의 봉지 수는 다음과 같은 세 부등식을 만족해야만 하죠.

$$3x+2y\leq 10$$
$$4x+6y\leq 20$$
$$x+3y\leq 7$$

이 부등식을 만족하는 각 경우의 초콜릿 가격 P를 계산해 보면, 다음과 같은 표를 만들 수 있습니다.

x(봉지)	y(봉지)	P(원)
0	0	0
1	0	3,000
2	0	6,000
3	0	9,000
0	1	4,000
1	1	7,000
2	1	10,000
0	2	8,000
1	2	11,000

부 록

부등식의 신, 매씨우스

이 글은 저자가 창작한 동화입니다.

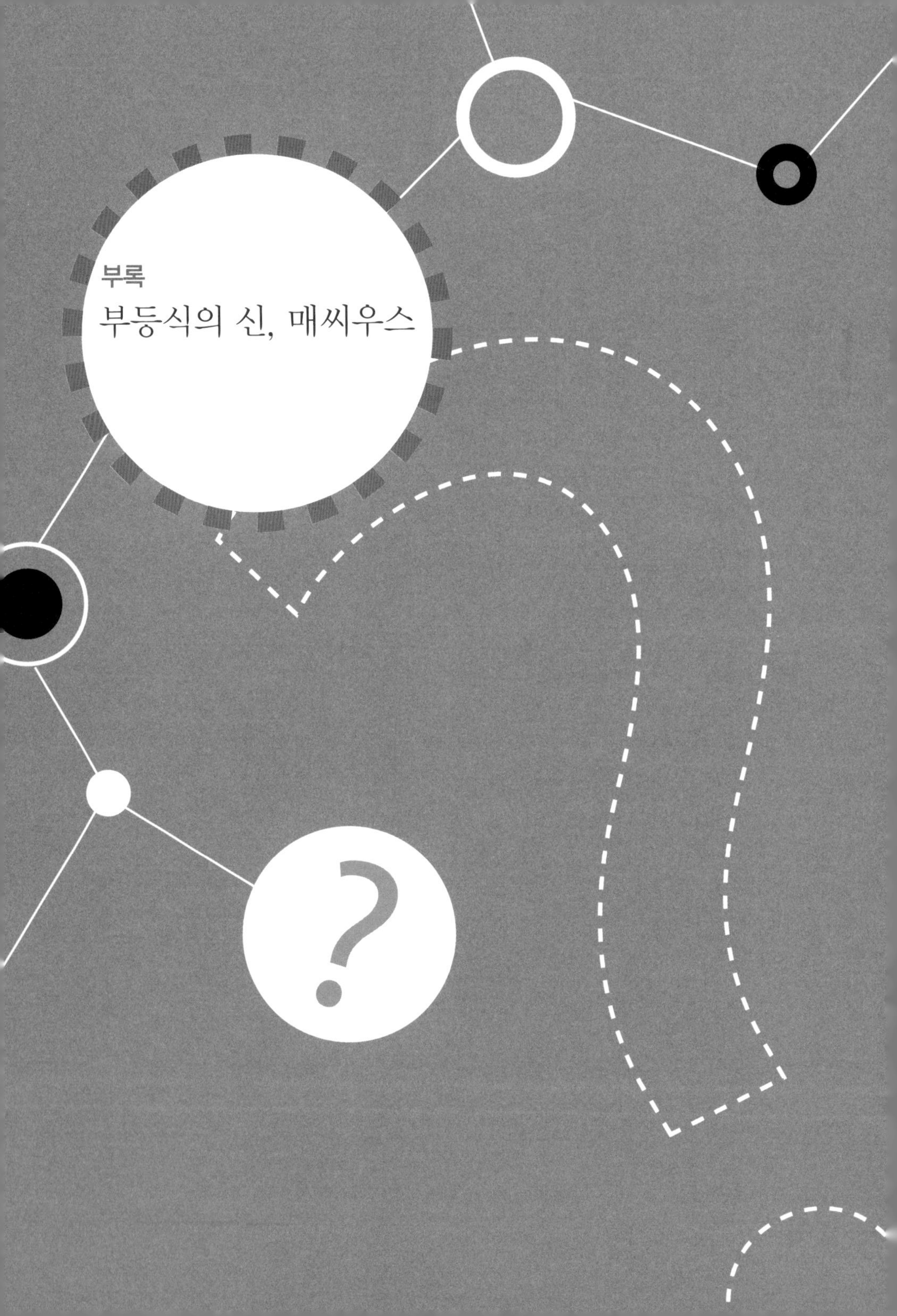

부록

부등식의 신, 매씨우스

옛날, 수학을 사랑하는 신들이 살고 있는 칼크리스라는 나라가 있었습니다.

칼크리스는 삼면이 바다로 둘러싸여 있고, 바다에는 수십 개의 섬이 있었습니다.

칼크리스의 신들은 사람들처럼 욕심을 부리곤 했습니다. 그러다 보니 신들 사이에 분쟁이 끊이지 않았습니다. 신들은 이런 분쟁을 조정하기 위해 대표를 뽑기로 했습니다.

신들의 대표로 추천된 신은 모두 3명이었습니다. 부등식을 가장 잘 다루는 신 매씨우스, 방정식을 가장 잘 다루는 신 엑시우스, 정수를 가장 잘 다루는 페르몬이 그 3명이었습니다.

세 후보는 유세에 들어갔습니다. 제일 먼저 유세에 들어간 신은 페르몬이었습니다.

"여러분, 우리들의 모든 활동은 정수로 이루어져 있습니다. 정수에 대한 높은 식견을 가진 이 후보를 뽑아 주시면 우리 신들의 나라에 분쟁은 없을 것입니다."

페르몬이 사람들이 많이 모인 자리에서 자신을 지지해 달라고 호소했습니다.

엑시우스는 페르몬과 다른 방법을 사용했습니다. 그는 마차를 타고 다니면서 그동안 신들의 나라에서 방정식을 이용하여 분쟁을 해결한 사례를 모은 전단지를 유권자들에게 나누어 주었습니다.

하지만 부등식의 신 매씨우스는 아무런 홍보도 하지 않았습니다. 이를 이상하게 여긴 바다의 신 포세이돈이 매씨우스에게 물었습니다.

"매씨우스, 나는 자네를 지지하지만 모든 사람들이 자네를 지지하지는 않을 거야. 다른 후보인 페르몬과 엑시우스는 적극적으로 지지를 호소하고 있네. 내가 바닷길을 열어 줄 테니까 우선 여러 섬들의 신들에게 지지를 부탁해 보게."

"나는 신들의 대표에는 미련이 없어. 내가 가장 좋아하는 부등식을 연구하는 데 최선을 다할 뿐이지. 페르몬이나 엑시우스는 좋은 신이야. 누가 되어도 신들의 분쟁을 잘 해결할 거라고 믿어. 하지만 신들이 나를 택해 준다면 최선을 다할 셈이네."

매씨우스는 담담한 표정으로 말했습니다.

드디어 선거가 시작되었습니다. 칼크리스의 신들은 모두 48명이었지만, 섬에 사는 신들을 제외한 27명이 먼저 투표를 했습니다. 개표 결과 엑시우스가 14표, 매씨우스가 8표, 페르몬이 5표를 얻었습니다. 엑시우스를 지지하는 신들은 모두 기뻐했습니다.

하지만 아직 엑시우스가 신의 대표로 결정된 것은 아니었습니다. 섬에 사는 신들의 표에 의해 결과가 뒤집힐 수도 있기 때문입니다. 최근 며칠 동안 칼크리스의 바다에 아주 큰 해일이 일어났습니다. 그래서 섬에 사는 신들이 육지로 올 수 없어 그들의 투표는 며칠 뒤로 미루어졌지요.

엑시우스의 지지자들은 엑시우스가 마치 당선이라도 된 듯 매일 파티를 벌였습니다. 하지만 거듭되는 파티에서 술에 취한 엑시우스의 지지자들은 다른 신들에게 난동을 부렸습니다. 이로 인해 그를 지지했던 신들조차 그에게 등을 돌리기

시작했습니다.

엑시우스를 강력하게 지지하는 함수의 신 펑시온이 엑시우스에게 말했습니다.

"엑시우스, 우리가 이겼어. 지금까지 27표에서 자네는 과반수인 14표를 얻었네. 남은 21표에서도 자네는 과반수를 얻을 수 있을 걸세. 특히 신들이 가장 많이 사는 섬인 에게스 섬의 일곱 신은 자네 지지자 아닌가? 그러니까 지금까지 자네가 얻은 14표에 7표를 더하고 이미 탈락이 확정된 페르몬의 5표를 더하면 26표가 되거든. 이건 48표의 과반수를 넘는단 말이야. 하하하, 우리가 승리했네. 친구, 마시자고!"

펑시온은 엑시우스에게 술을 권하며 즐거워했습니다.

연일 거듭되는 파티와 술을 먹고 난동을 부리는 엑시우스의 지지자들에게 실망한 신들이 바다의 신 포세이돈에게 달

려갔습니다. 마침 포세이돈은 매씨우스와 함께 있었습니다.

"엑시우스를 우리의 대표로 뽑을 수는 없습니다. 특히 주정뱅이 펑시온의 난동은 눈 뜨고 못 볼 지경입니다. 매씨우스, 당신이 우리의 대표가 되어 주시오."

신들이 매씨우스에게 부탁했습니다.

"남은 표 중 7표를 이미 확보한 엑시우스의 승리가 거의 결정적이오. 지금은 달리 방법이 없어요."

포세이돈이 실망스러운 표정으로 말했습니다.

잠자코 지켜보던 매씨우스가 입을 열었습니다.

"포세이돈, 그렇지 않네. 엑시우스가 당선이 되려면 남은 표에서 8표 이상을 얻어야 하네."

"무슨 말이지?"

포세이돈이 놀란 표정으로 물었습니다.

“남아 있는 21표에서 엑시우스와 나의 표만 나온다고 해 보게. 엑시우스가 얻는 표의 수를 x라고 하면 내가 얻는 표의 수는 $(21-x)$가 되거든. 그러면 엑시우스의 표의 수는 $(14+x)$가 되고, 내 표의 수는 $8+(21-x)$가 되지. 그러니까 엑시우스가 이기려면 $14+x>8+(21-x)$가 되어야 하네. 이것을 풀어 보면 $x>7.5$가 되지. 그런데 표의 수는 자연수가 되어야 하니까, x의 최소값은 8이 되어야 하네. 즉, 엑시우스가 8표 이상을 얻으면 엑시우스가 이기고, 7표 이하를 얻으면 내가 이기는 거지.”

매씨우스가 자세하게 설명해 주었습니다.

“희망이 보이는군. 나머지는 내게 맡기게.”

포세이돈은 이렇게 말하고는 급하게 자리를 떴습니다.

바다의 신 포세이돈은 홀로 바다로 뛰어들었습니다. 바다에는 높은 파도가 몰아쳤지만 바다의 신이 지나가는 길에는 파도가 갈라지고 길이 났습니다. 포세이돈이 지팡이로 바다를 치기만 하면 바다가 갈라져 육지가 생겼기 때문입니다. 포세이돈은 황금 마차를 타고 바다에 난 길을 달리고 또 달렸습니다.

포세이돈은 에게스 섬을 제외한 모든 섬의 신들을 만나 엑시우스와 펑시온의 만행을 이야기해 주고, 칼크리스를 위해서 매씨우스를 지지해 줄 것을 부탁했습니다. 포세이돈으로부터 자세한 얘기를 전해 들은 섬의 신들은 매씨우스를 지지하겠다고 약속했습니다.

엑시우스는 포세이돈이 섬을 방문한 것을 모른 채 2차 투표가 있기 전날까지 술에 취해 난동을 피우고 있었습니다. 드디어 2차 투표를 하기로 한 날 섬의 신들이 모두 나타나 투표를 했습니다. 결과는 물론 매씨우스의 1표 차 승리였습니다. 그리하여 칼크리스 신들의 대표는 매씨우스가 되었습니다.

매씨우스가 신들의 대표가 된 이후에도 신들 사이에는 많은 분쟁이 있었습니다. 하지만 매씨우스의 현명한 판결 덕분

에 많은 문제들이 해결되었습니다.

그러던 어느 날 4명의 신들 사이에 분쟁이 생겼습니다. 북쪽 마을을 다스리는 노스 신, 남쪽 마을을 다스리는 사우스 신, 서쪽 마을을 다스리는 웨스트 신, 동쪽 마을을 다스리는 이스트 신은 자신들의 마을에서 가장 가까운 곳에 학교를 세우고 싶어 했습니다.

신들은 학교의 위치를 놓고 회의를 했습니다.

"서쪽 마을이 교차로에서 가장 머니까 서쪽 마을에 학교를 세워야 해."

웨스트 신이 주장했습니다.

하지만 다른 3명의 신은 웨스트 신의 주장을 인정하지 않았습니다. 이리하여 신들은 이 문제의 해결을 매씨우스에게 부탁했습니다.

매씨우스는 모든 신을 불렀습니다.

"남북 도로와 동서 도로가 만나는 위치에 학교를 세우시오. 그러면 네 마을로부터의 거리의 합이 최소가 될 것입니다."

"그건 말도 안 됩니다. 그럼 우리 마을에서만 제일 멀지 않습니까?"

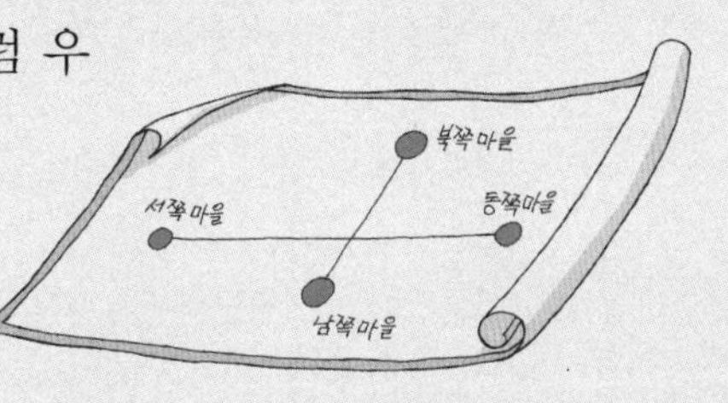

웨스트 신이 화를

내며 매씨우스에게 대들었습니다.

"웨스트 신, 진정하고 나의 말을 들어 보시오."

매씨우스는 마법으로 허공에 구름 칠판을 만든 다음, 콧바람으로 구름 칠판에 다음과 같은 그림을 그렸습니다.

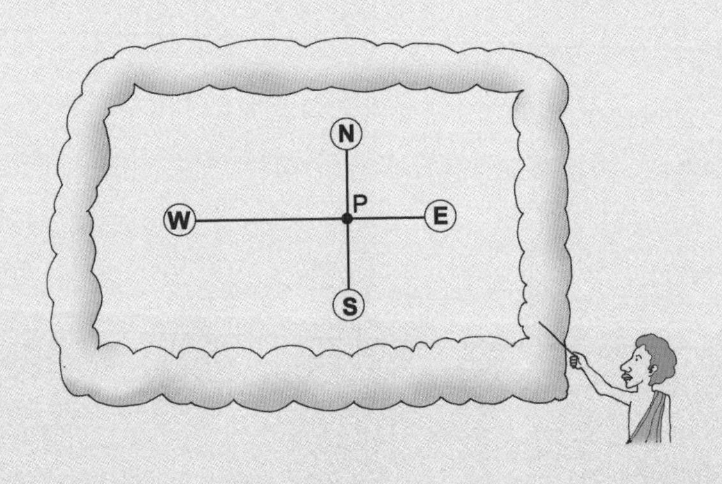

"N, S, E, W는 각각 북쪽, 남쪽, 동쪽, 서쪽 마을을 나타내는 지점이오."

매씨우스가 네 점을 가리켰습니다.

"P라고 쓴 점은 뭐죠?"

노스 신이 물었습니다.

"P점을 학교의 위치라고 합시다. 그럼 P와 네 점까지의 거리의 합은 $\overline{NP}+\overline{SP}+\overline{EP}+\overline{WP}$가 되지요. 그러니까 이 값이 최

소가 되도록 P의 위치를 결정해야 합니다. 이 중에서 남북 방향만 봅시다. 그것은 $\overline{NP}+\overline{SP}$이죠? 다음 그림을 보죠.

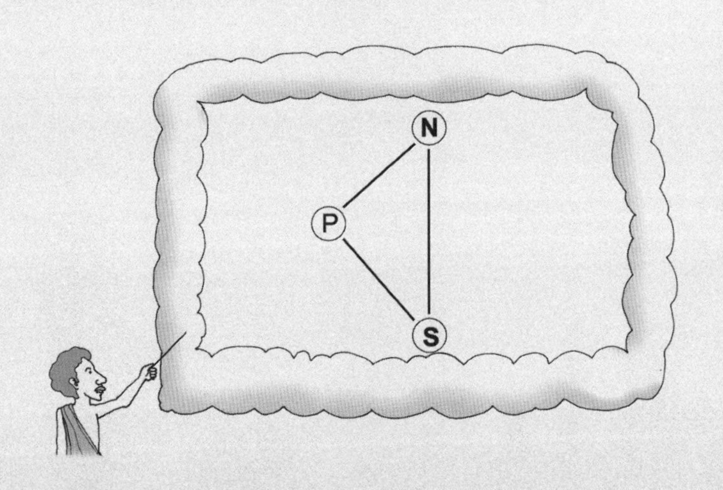

$\overline{NP}+\overline{SP}$는 삼각형 NPS에서 두 변의 길이의 합이니까 다른 한 변의 길이 $\overline{NS}$보다 길지요. 그러니까 P가 $\overline{NS}$ 위에 있을 때 $\overline{NP}+\overline{SP}$의 길이가 최소가 되지요."

매씨우스가 설명했습니다.

"그렇지, 남북 방향에 있어야지."

노스 신과 웨스트 신이 기뻐했습니다.

"하지만 동서 방향의 거리의 합도 고려해야죠?"

이스트 신이 따졌습니다.

"물론이오. P는 $\overline{EP}+\overline{WP}$가 최소가 되도록 결정되어야 합니다. 그러니까 다음 삼각형을 보죠.

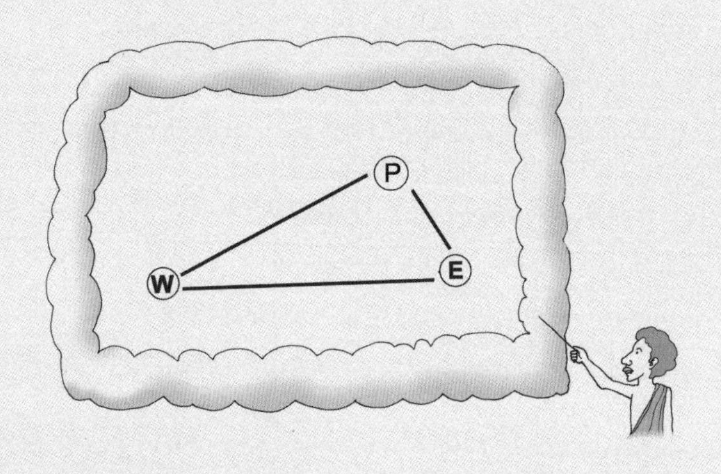

$\overline{EP}+\overline{WP}$는 삼각형 PWE의 두 변의 길이의 합이니까 $\overline{EW}$의 길이보다 항상 큽니다. 그러니까 P가 $\overline{EW}$ 선상에 있을 때 $\overline{EP}+\overline{WP}$가 최소가 되지요."

매씨우스가 설명했습니다.

"그럼 도대체 학교가 어디 있어야 하는 거죠?"

웨스트 신이 퉁명스럽게 물었습니다.

"$\overline{EW}$를 잇는 선 위에 있어야 하고, $\overline{NS}$를 잇는 선 위에 있어야 합니다. 그러므로 두 선이 만나는 지점에 학교를 세우면 $\overline{NP}+\overline{SP}+\overline{EP}+\overline{WP}$가 최소가 됩니다."

매씨우스는 싱긋 웃으며 이렇게 말했습니다. 모든 신들은 매씨우스의 결정에 따르기로 했습니다. 그것이 수학적으로 정확했기 때문이지요.

칼크리스의 수도 네테아에서 금은방을 경영하는 골드맨은 신들을 불러 잔치 벌이기를 좋아했습니다. 그는 8명의 신을 자신의 집에 초청했습니다. 선거 이후 오랫동안 만나지 않았던 펑시온과 포세이돈도 모처럼 자리를 같이했습니다. 하지만 두 신은 얼굴을 마주쳐도 못 본 척했습니다.

파티가 끝나갈 무렵, 골드맨은 8명의 신을 마당으로 불렀습니다. 골드맨은 화려하게 수놓은 상자를 가지고 나왔습니다.

"제가 똑같은 크기와 무게로 만든 8개의 황금 구슬을 여러분에게 보여 드리겠습니다."

골드맨은 이렇게 말했습니다. 모두들 골드맨이 가지고 온 상자를 주시했습니다. 드디어 상자가 열리고 반짝거리는 8개의 똑같은 황금 구슬이 나타났습니다. 8개의 황금 구슬에는 1번부터 8번까지의 번호가 조각되어 있었습니다. 모두들 아름다운 황금 구슬에서 눈을 떼지 못했습니다.

"한 번 만져 봐도 될까요. 골드맨 씨?"

펑시온이 물었습니다.

"그러시죠. 하지만 이것은 신전에 제물로 바칠 것이니까 조심하세요."

골드맨은 이렇게 말하면서 8개의 구슬을 8명의 신에게 나

누어 주었습니다. 신들은 번호가 적힌 황금 구슬을 바라보며 감탄했습니다.

갑자기 하늘이 뿌옇게 변하더니 폭우가 쏟아지기 시작했습니다. 골드맨은 신들이 가지고 있던 8개의 황금 구슬을 황급히 다시 상자에 넣었습니다. 그리고 파티는 끝이 났습니다.

신들이 모두 돌아간 후 골드맨은 다시 상자를 꺼내 비에 젖은 황금 구슬의 물기를 닦아 냈습니다. 그런데 8개의 구슬이 들어 있는 상자가 전보다 무거워진 느낌이었습니다.

"웬일이지? 물기를 다 닦아 냈는데?"

골드맨은 이상한 생각이 들기 시작했습니다. 며칠 밤 동안 골드맨은 잠을 이루지 못했습니다. 그것은 신들이 다녀간 뒤 황금 구슬 중 일부가 바뀌었을지도 모른다는 생각에서였습니다. 그는 자신이 황금 구슬을 나누어 준 신들의 이름을 떠올렸습니다. 그 명단은 다음과 같았습니다.

1번 … 탈출의 신 엑소더스

2번 … 음악의 신 뮤즈

3번 … 전쟁의 신 아테네

4번 … 도형의 신 유클레스

5번 … 원의 신 스피어레스

6번 … 돌의 신 아인슈타이너스

7번 … 함수의 신 펑시온

8번 … 바다의 신 포세이돈

며칠 밤을 고민하던 골드맨은 신들의 대표 매씨우스를 찾아갔습니다.

"신들의 대표 매씨우스 신이여, 제가 신전에 제물로 바치려던 8개의 황금 구슬을 8명의 신에게 보여 주었습니다. 그들은 하나씩 나누어 가지고 놀았지요. 그리고 다시 구슬을 모두 거두어들였지만 아무래도 황금 구슬 중 일부가 바뀐 것 같습니다. 이 문제를 해결해 주십시오."

"알겠소."

매씨우스는 골드맨의 황금 구슬을 만진 적이 있는 8명의 신을 모두 불렀습니다. 신들은 자신들이 불려 온 이유를 알 수 없었습니다.

"매씨우스, 무슨 일이십니까? 저는 곧 하프를 연주해야 합니다."

음악의 신 뮤즈가 하프를 퉁기며 말했습니다.

"좋소, 빨리 끝내겠소."

매씨우스가 강한 어조로 말했습니다.

"골드맨의 말만 믿고 황금 구슬의 무게가 달라졌는지 아닌지를 알 수 없지 않소. 무게를 재 본 것도 아니고 말이오."

펑시온이 못마땅한 표정으로 말했습니다.

“우선 그 점을 확인해야겠소. 만일 구슬이 뒤바뀌지 않았다면 저울의 양쪽에 같은 수의 구슬을 놓았을 때 어떤 경우라도 수평을 유지해야 할 거요. 만일 어느 한쪽이 기울어진다면 그쪽에 더 무거운 구슬이 있다는 이야기가 되지요. 우리는 이들 구슬의 지름을 재어 보았소. 그런데 지름은 모두 같았소. 그러니까 부피는 모두 같은 거요. 그런데 더 무거워졌다면 금보다 밀도가 더 큰 물질을 섞어서 만든 위조 구슬이 섞여 있다는 이야기가 됩니다.”

매씨우스가 모두에게 말했습니다.

“어떻게 무게를 재죠?”

아테네가 황금 구슬을 들여다보며 물었습니다.

매씨우스는 낡은 램프를 가지고 왔습니다. 매씨우스는 낡은 램프를 문질렀습니다. 그러자 램프에서 연기가 피어 나오더니 양팔 저울을 입에 문 거인이 나타났습니다.

“주인님, 부르셨습니까?”

웨이트가 굵직한 목소리로 말했습니다.

“웨이트! 잘 와 주었네.”

매씨우스가 거인에게 말했습니다.

“이제 우리는 웨이트가 입에 물고 있는 저울을 이용하여 무게가 다른 구슬을 찾아낼 것이오. 다만 웨이트의 저울은

한 접시에 3개까지만 올려놓을 수 있고, 2번밖에 사용할 수 없소.”

매씨우스가 말했습니다.

“한 접시에 3개까지만 올려놓을 수 있고, 2번만 재어 어떻게 무게가 다른 구슬을 알 수 있지요?”

포세이돈이 못 믿겠다는 듯이 따졌습니다.

“가능하오. 대신 몇 개의 구슬이 무게가 다른지는 웨이트가 알려 줄 것입니다. 웨이트, 몇 개의 구슬이 무게가 다르지?”

매씨우스가 웨이트에게 물었습니다. 웨이트는 8개의 구슬을 손으로 들어 보고는 말했습니다.

“7개의 구슬은 무게가 같고 1개의 구슬만이 무게가 다릅니다.”

"이제 하나의 구슬이 바뀌었다는 것이 확인되었습니다. 그러니까 범인은 1명입니다."

매씨우스가 자신 있게 말했습니다.

매씨우스는 웨이트가 입에 문 저울의 왼쪽에 1, 2, 3번 구슬을, 오른쪽에 4, 5, 7번 구슬을 올려놓았습니다. 저울은 오른쪽으로 기울어졌습니다.

"무거운 구슬은 4, 5, 7번 중 하나야."

1, 2, 3번 구슬을 가지고 있었던 엑소더스, 뮤즈, 아테네가 환호성을 질렀습니다. 하지만 4, 5, 7번 구슬을 가지고 있었던 유클레스, 스피어레스, 평시온은 긴장한 모습이었습니다.

"일단 무거운 구슬이 있다는 것이 확인되었소. 모두들 동의하지요?"

매씨우스가 8명의 신에게 물었습니다. 모두들 말없이 고개를 끄덕거렸습니다.

매씨우스는 다시 구슬을 내려놓고 이번에는 왼쪽에 4, 5, 6번 구슬을, 오른쪽에 1, 7, 8번 구슬을 올려놓았습니다. 이번에도 저울의 오른쪽이 기울어졌습니다.

"1, 7, 8번 중에 무거운 구슬이 있습니다. 그렇다면 7번과 8번 중 무거운 구슬이 있는 셈이오."

매씨우스는 평시온을 노려보며 말했습니다.

"범인은 바로 평시온입니다."

"무슨 소리요? 포세이돈이 범인일 수도 있잖아요? 여러분, 매씨우스는 자신과 친한 포세이돈 대신 나를 범인으로 지목하고 있습니다."

평시온이 흥분하여 소리쳤습니다.

"평시온의 말에 일리가 있어."

아테네가 말했습니다.

"그래, 포세이돈이 범인일 수도 있잖아."

엑소더스가 거들었습니다.

그러자 매씨우스가 말을 꺼냈습니다.

"그렇지 않습니다. 포세이돈은 범인이 될 수 없어요."

"증명해 보시오. 그러기 전에는 믿을 수 없소."

돌의 신 아인슈타이너스가 거들었습니다.

"좋소, 간단하게 증명할 수 있어요. 각 구슬의 무게를 각각 a_1, a_2, …, a_8이라고 하지요. 웨이트가 무게를 2번 비교한 결과 우리는 다음 2개의 부등식을 만족했습니다."

매씨우스는 구름 칠판에 다음과 같이 썼습니다.

"7번 구슬이 무겁다고 합시다. 다른 모든 구슬들의 무게는

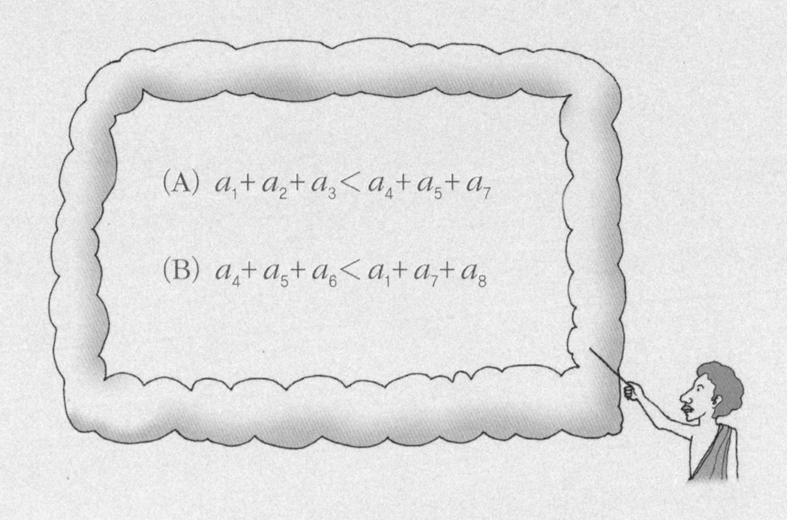

같으니까 (A)의 부등식이 성립하지요? 마찬가지로 (B)의 부등식도 성립합니다."

매씨우스가 말했습니다.

"8번 구슬이 무겁다고 해도 (B)의 부등식이 성립하지 않습니까?"

펑시온이 따졌습니다.

"하지만 그땐 (A)의 부등식이 성립하지 않습니다. 8번 구슬만이 무겁다면 1번부터 7번까지의 구슬은 무게가 같습니다. 그렇다면 1, 2, 3을 왼쪽에 4, 5, 7을 오른쪽에 올려놓았을 때 수평을 유지했어야 합니다. 그런데 오른쪽이 더 무거웠으므로 8번 구슬이 더 무겁다는 가정은 옳지 않습니다."

매씨우스가 펑시온을 바라보며 말했습니다. 펑시온의 얼굴이 새파래졌습니다.

잠시 후 신들의 군사들이 펑시온을 붙잡아 땅속의 감옥에 가둬 버렸습니다. 이 소식을 들은 펑시온의 친구인 엑시우스도 칼크리스를 떠나서 에게스 섬으로 도망쳤습니다.

이리하여 칼크리스에는 매씨우스를 따르는 신들만이 모여 살게 되었습니다. 그리고 칼크리스는 분쟁거리가 없는 조용한 나라가 되었습니다.

그러던 어느 날 3명이 한 조가 되어 수영, 달리기, 마차 경주를 하는 3종 경기 대회를 열기로 하였습니다. 매씨우스는 포세이돈을 불렀습니다.

"포세이돈, 칼크리스 사람들에게 희망을 주기 위해서는 우리도 대표를 뽑아 대회에 출전했으면 해요. 마땅한 선수가 있을까요?"

매씨우스가 물었습니다. 포세이돈은 잠시 생각에 잠기더니 말했습니다.

"수영의 신 스위머스, 마차의 신 캐리지스, 달리기의 신 러너스가 좋을 듯합니다."

"그래, 그 3명이면 우리가 우승할 수 있겠군."

매씨우스는 매우 기뻐했습니다. 그리하여 스위머스, 캐리지스, 러너스는 칼크리스의 3종 경기 대표로 뽑혀 대회가 열

리는 스키프스로 향했습니다.

스키프스는 많은 나라에서 온 선수들로 북적거렸습니다.

드디어 경기가 시작되었습니다. 경기 방식은 매일 1팀씩 수영 20km, 마차 경주 120km, 달리기 40km를 하여 그 기록이 제일 좋은 나라가 우승을 하는 것이었습니다. 칼크리스의 3명의 선수는 다른 나라의 선수들보다 기록이 좋아 우승은 거의 확정적이었습니다.

수영의 신 스위머스의 속력은 시속 10km이므로 20km의 거리를 2시간에 갈 수 있고, 마차의 신 캐리지스의 속력은 시속 120km이므로 120km를 달리는 데 1시간 걸립니다. 달리기의 신 러너스의 속력은 시속 20km이기 때문에 40km를 달리는 데 2시간이 걸립니다. 그러므로 칼크리스 팀의 예상 기록은 5시간입니다. 이것은 경쟁국인 트로이스 팀의 기록인 5

시간 30분보다 30분 빠른 기록이므로 전력상 칼크리스 팀이 가장 유리한 상황이었습니다.

드디어 첫 번째 팀의 경기가 시작되었습니다. 키프스라는 작은 섬나라 팀이었는데, 선수 3명이 워낙 느려 전체 시간이 10시간 30분이 걸렸습니다.

이렇게 매일 한 팀 씩 경기가 진행되었습니다. 칼크리스 팀은 마지막 날에 경기가 이루어지기 때문에 3명의 선수들은 매일 조금씩 몸을 풀고 있었습니다.

대회 폐막 하루 전날, 칼크리스 팀을 가장 위협하는 트로이스 팀의 경기가 시작되었습니다. 이들은 당초 예상을 뒤엎고 5시간이라는 좋은 기록으로 골인했습니다.

"트로이스가 5시간 걸렸어. 우리의 최고 기록과 같아."

트로이스의 경기를 지켜보던 스위머스가 놀란 눈으로 소리쳤습니다.

"내일은 좀 더 힘을 내야겠어."

달리기의 신 러너스가 두 손을 굳게 쥐며 말했습니다.

"우리 조금씩만 기록을 더 단축하자."

마차의 신 캐리지스도 거들었습니다.

세 사람은 내일의 경기를 위해 일찍 잠을 잤습니다. 그날 밤, 낯선 사람이 캐리지스의 마차에 살금살금 다가갔습니다. 그러고는 마차의 왼쪽 바퀴 하나를 느슨하게 풀어 놓았습니다. 그 사내는 트로이스의 우승을 위해 트로이스 팀에서 보낸 사람이었지요.

이런 사실을 까맣게 모른 채 칼크리스 팀의 신 3명은 곤히 잠들었습니다.

다음 날 아침, 많은 관중이 지켜보는 가운데 칼크리스 팀의 첫 번째 주자인 스위머스가 강에 뛰어들었습니다. 스위머스는 조금이라도 기록을 단축하기 위해 열심히 팔을 저었습니다. 그리고 당초 예정보다 10분을 앞당겨 골인했습니다.

이제 마차의 신 캐리지스의 차례입니다. 캐리지스는 마차를 힘껏 몰았습니다. 캐리지스는 놀라운 속력으로 달렸습니다. 많은 관중이 캐리지스를 응원했습니다. 그러나 한참을 달려 나가던 캐리지스의 마차에서 갑자기 왼쪽 바퀴가 떨어져 나갔습니다.

"큰일 났어, 이렇게 중요한 시합에서 바퀴가 빠지다니!"

캐리지스의 얼굴이 상기되었습니다. 하지만 캐리지스는 포기하지 않고 마차를 몰았습니다. 한쪽 바퀴로 달리는 바람에 속력이 떨어지긴 했지만 캐리지스는 결국 골인 지점에 도착했습니다.

하지만 현재까지 걸린 시간은 4시간이었습니다. 이제 남은 달리기에서 걸리는 시간을 1시간 이내로 줄이지 못하면 트로이스의 우승이 결정되는 순간이었습니다.

마지막으로 배턴을 이어받은 러너스는 잠시 달릴 생각을 하지 않고 땅바닥에 무언가를 열심히 계산했습니다.

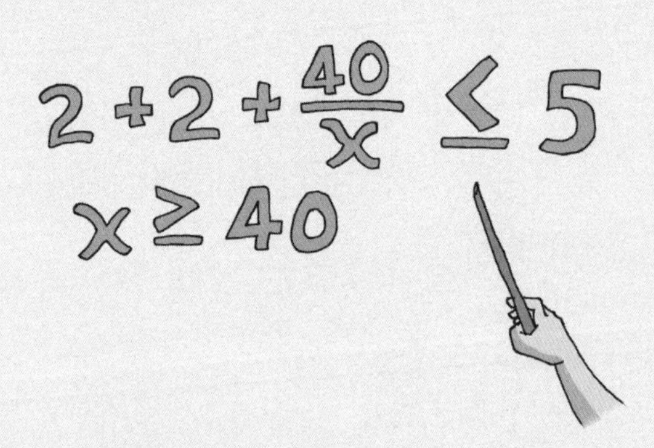

"우리가 이기려면 내가 시속 40km 이상으로 달려야 해. 하지만 그건 불가능한 일이야."

러너스는 땅바닥에 주저앉아 뛰어야 할지를 고민했습니다. 그때 하늘이 열리면서 러너스의 스승이자 스피드의 신인 스피더스가 황금빛 수염을 날리며 하늘에 나타났습니다.

"나의 사랑하는 제자 러너스야. 이 신발을 신고 뛰어 보거라."

스피더스는 황금빛 운동화를 러너스에게 던져 주고는 이내 사라졌습니다.

“스피더스 님, 열심히 뛰어 보겠습니다.”

러너스는 스피더스가 던져 준 황금 운동화를 신었습니다. 다른 때와 달리 몸이 아주 가벼워지는 기분이었습니다.

러너스가 달렸습니다. 그런데 러너스는 발이 보이지 않을 정도로 빨랐습니다. 황금 운동화를 신은 러너스는 거의 땅을 밟지 않고 날아오르듯이 달렸습니다. 그리고 결승점에 다가왔습니다. 많은 관중들이 러너스를 응원했습니다. 이미 경기를 마친 스위머스와 캐리지스도 러너스를 열심히 응원했습니다. 드디어 러너스가 골인점에 도착했습니다. 러너스는 지쳐 그 자리에 쓰러졌습니다.

잠시 후 대회 측에서 기록 발표를 했습니다.

“칼크리스 팀의 기록은 4시간 59분 59초입니다.”

“만세, 우리가 우승했어!”

스위머스와 캐리지스는 러너스를 헹가래 쳤습니다. 이렇게 하여 칼크리스는 3종 경기 대회에서 우승을 차지했습니다.

3명의 신들은 칼크리스에 귀국한 뒤에도 국민들의 많은 환영을 받았습니다.

수학자 소개

해석학과 치환군을 개척한 코시Augustin Louis Cauchy, 1789~1857

프랑스 혁명이 일어나던 시기에 파리에서 태어난 코시는 어려서부터 높은 교육열을 지닌 아버지에게 교육을 받았습니다. 따라서 16살에 파리공업대학 에콜 폴리테크니크에 우수한 성적으로 입학하여 라그랑주와 라플라스의 칭찬을 독차지했습니다.

에콜 폴리테크니크를 수석으로 졸업한 코시는 토목 기사로 일하면서 계속해서 수학을 연구했습니다. 그리고 1815년 수학적 업적이 인정되어 자신이 졸업한 에콜 폴리테크니크의 교수로 발탁됩니다. 또한 다음 해인 1816년에는 과학 아카데미 회원으로 활동하게 됩니다.

하지만 1830년에 프랑스 7월 혁명으로 왕위에 오른 루이 필리프에게 충성을 맹세하지 않았기 때문에 일체의 공직 취임이 불가능하게 되어 이탈리아의 토리노로 피신하게 되지요. 그 후 나폴레옹 3세가 왕위에 오른 뒤에야 다시 프랑스로 돌아와 소르본 대학 교수가 되어 평생 학생을 가르칩니다.

코시는 1814년 이후로 끊임없이 함수론에 관한 논문을 썼습니다. 파리의 과학 아카데미는 코시가 학회지 〈Comptes Rendus〉에 보내 오는 논문의 길이를 제한해야 할 정도로 그의 연구는 다방면에 걸쳐 대단히 많았다고 합니다. 그가 연구한 것은 지금도 수학책에서 만날 수 있습니다. 코시의 적분 정리, 코시 수열, 코시-리만 방정식, 코시-슈바르츠 부등식 등 수학 용어에서 그의 이름을 쉽게 들을 수 있습니다.

코시는 68살인 1857년 3월, 치명적인 발열로 쓰러져 사망했습니다. 죽기 직전에 그는 "사람은 죽어도 그의 행적은 남는다"라는 마지막 말을 남겼다고 합니다.

수학 연대표

언제, 무슨 일이?

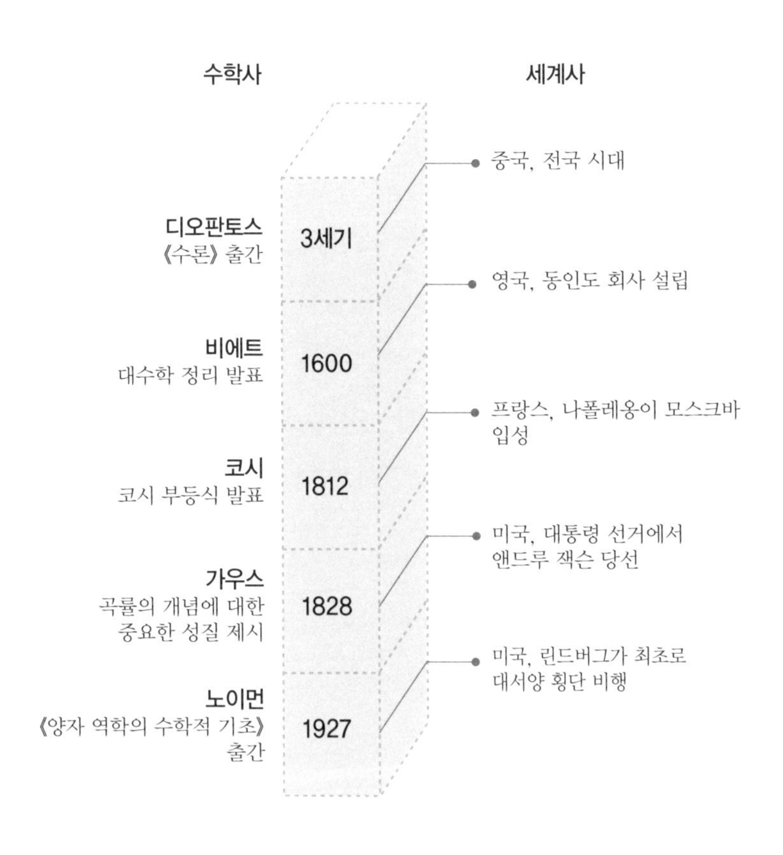

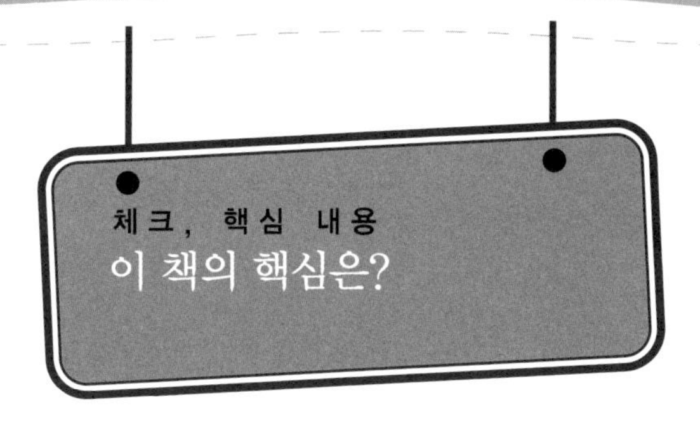

1. 부등호로 나타내어지는 식을 □□□ 이라고 합니다.
2. 부등식의 양변에 □□ 를 곱하면 부등호의 방향이 바뀝니다.
3. 부등식을 푼 결과를 부등식의 □ 라고 부릅니다.
4. 2개의 부등식을 동시에 만족하는 범위를 구하는 것을 □□□□□ 의 해를 구한다고 합니다.
5. 삼각형에서는 어떤 두 변의 길이의 □ 도 다른 한 변의 길이보다 커야 합니다.
6. 두 수의 합을 2로 나눈 것을 두 수의 □□□□ 이라고 부릅니다.
7. 산술평균은 항상 □□□□ 보다 크거나 같습니다.
8. 최고차항의 차수가 1차인 부등식을 □□□□□ 이라고 부릅니다.

1. 부등식 2. 음수 3. 해 4. 연립부등식 5. 합 6. 산술평균 7. 기하평균 8. 일차부등식

이슈, 현대 수학

힐베르트와 코시-슈바르츠 부등식

독일의 천재 수학자 힐베르트(David Hilbert)는 19세기의 마지막 해인 1900년 8월 프랑스 파리에서 열린 국제 수학자 대회에서 '수학의 미래'란 제목으로 유명한 연설을 했습니다. 이 연설에서 그는 모든 수학 문제는 반드시 해결할 수 있으며, 이러한 믿음이 미해결 문제에 대해 수학자들을 강하게 자극시킨다고 말했습니다.

힐베르트는 이날 연설에서 20세기 수학자들이 넘어야 할 숙제로 23가지 문제를 제시했습니다. 그리고 지난 100년 동안 힐베르트의 23문제 중 20개는 풀렸지만 3개의 문제는 아직까지 미해결 상태로 남아 있습니다.

힐베르트는 코시-슈바르츠 부등식을 힐베르트 부등식으로 일반화시킨 것으로도 유명합니다. 코시-슈바르츠 부등식이란 4개의 실수 a, b, c, d에 대해 (a^2+b^2)과 (c^2+d^2)

의 곱은 $(ac+bd)^2$보다 항상 크거나 같다는 내용입니다. 그는 이 부등식을 힐베르트 공간이라 부르는 공간으로 확장했습니다. 이 공간 속의 서로 다른 두 점의 좌표를 각각 (a, b), (c, d)라고 하고 원점을 $(0, 0)$이라고 할 때, a^2+b^2은 원점으로부터 점 (a, b)까지의 거리의 제곱이 됩니다. 마찬가지로 c^2+d^2은 원점으로부터 점 (c, d)까지의 거리가 됩니다.

힐베르트는 19세기에 본격적으로 연구된 벡터를 이용하여 원점에서 점 (a, b)로 향하는 벡터를 나타낼 수 있음을 알아냈습니다. 이때 $ac+bd$는 두 벡터 (a, b)와 (c, d)의 내적으로 알려져 있습니다.

그러므로 코시-슈바르츠 부등식은 공간에서 서로 다른 두 점의 위치를 나타내는 벡터가 있을 때, 원점으로부터 두 점까지의 거리의 곱이 두 벡터의 내적보다 항상 크거나 같다라는 뜻으로 해석할 수 있습니다.

찾아보기

어디에 어떤 내용이?